ARCHITECTURAL DESIGN

设计"一本通"丛书

建筑设计

陈根 编著

电子工业出版社
Publishing House of Electronics Industry
北京·BEIJING

内 容 简 介

本书分为建筑设计概论、建筑设计发展简史、建筑平面设计、建筑造型的艺术设计、建筑设计的新思潮和著名建筑设计师及其建筑作品六章。书中内容构架清晰，图文并茂，通过大量案例展示与设计要点阐述，帮助读者掌握建筑设计的实际应用技法，提升审美品位，增长见识。

本书适合建筑设计与建筑文化推广从业者以及想要进入相关行业的人员阅读，还适合作为高等院校建筑设计、建筑管理等专业的教材及教辅，亦适合对建筑设计感兴趣的读者阅读。

未经许可，不得以任何方式复制或抄袭本书之部分或全部内容。
版权所有，侵权必究。

图书在版编目（CIP）数据

建筑设计 / 陈根编著. —北京：电子工业出版社，2022.3
（设计"一本通"丛书）
ISBN 978-7-121-43066-4

Ⅰ.①建… Ⅱ.①陈… Ⅲ.①建筑设计 Ⅳ.① TU2

中国版本图书馆CIP数据核字（2022）第 037126 号

责任编辑：宁浩洛

印　　刷：河北迅捷佳彩印刷有限公司
装　　订：河北迅捷佳彩印刷有限公司
出版发行：电子工业出版社
　　　　　北京市海淀区万寿路173信箱　邮编：100036
开　　本：720×1000　1/16　印张：15.5　字数：297千字
版　　次：2022年3月第1版
印　　次：2022年3月第1次印刷
定　　价：88.00元

凡所购买电子工业出版社图书有缺损问题，请向购买书店调换。若书店售缺，请与本社发行部联系，联系及邮购电话：（010）88254888，88258888。
质量投诉请发邮件至 zlts@phei.com.cn，盗版侵权举报请发邮件至 dbqq@phei.com.cn。
本书咨询联系方式：（010）88254565，ninghl@phei.com.cn。

PREFACE 前言

设计是什么呢？人们常常把"设计"一词挂在嘴边，如那套房子设计得不错、这个网站的设计很有趣、那把椅子的设计真好……即使不懂设计，人们也喜欢说这个词。2017年，世界设计组织（World Design Organization，WDO）对设计赋予了新的定义：设计是驱动创新、成就商业成功的战略性解决问题的过程，通过创新性的产品、系统、服务和体验创造更美好的生活品质。

设计是一个跨学科的专业，它将创新、技术、商业、研究及消费者紧密联系在一起，共同进行创造性活动，并将需解决的问题、提出的解决方案进行可视化，重新解构问题，将其作为研发更好的产品和建立更好的系统、服务、体验或商业的机会，提供新的价值和竞争优势。设计通过其输出物对社会、经济、环境及伦理问题的回应，帮助人类创造一个更好的世界。

由此可以理解，设计体现了人与物的关系。设计是人类本能的体现，是人类审美意识的驱动，是人类进步与科技发展的产物，是人类生活质量的保证，是人类文明进步的标志。

设计的本质在于创新，创新则不可缺少"工匠精神"。本丛书得"供给侧结构性改革"与"工匠精神"这一对时代"热搜词"的启发，洞悉该背景下诸多设计领域新的价值主张，立足创新思维；紧扣当今各设计学科的热点、难点和重点，构思缜密、完整，精选了很多与设计理论紧密相关的案例，可读性高，具有较强的指导作用和参考价值。

德国著名哲学家谢林认为"建筑是凝固的音乐"，日本当代建筑大师安藤忠雄认为"建筑是生活的容器"，美国建筑大师赖特认为"建筑是用结构来表达思想的科学性艺术"……建筑设计是一种以技术为支撑的创意活动，涉及多学科的知识，是多学科知识及其衍生物的综合运用。同时，建筑设计活动又具有社会性，建筑师必须平衡和协调各方面矛盾，寻求社会效益、经济效益、环境效益、个性创造的平衡点，尽力满足多元化社会的多种需求，尊重文化、尊重环境、关怀人性。

本书分为建筑设计概论、建筑设计发展简史、建筑平面设计、建筑造型的艺术设计、建筑设计的新思潮和著名建筑设计师及其建筑作品六章。书中内容架构清晰，图文并茂，通过大量案例展示与设计要点阐述，帮助读者掌握建筑设计的实际应用技法，提升审美品位，增长见识。

本书的阅读群体包含：

（1）从事建筑设计与建筑文化推广的人员；

（2）想要进入建筑设计相关领域的创业、从业人员；

（3）建筑设计公司、建筑设计咨询公司或相关企业的员工；

（4）高等院校建筑设计、建筑管理等专业的师生。

由于编著者水平及时间所限，书中难免有疏漏和不足之处，敬请广大读者及专家批评指正。

编著者

CATALOG 目录

第 1 章　建筑设计概论　　1

1.1　建筑的概念　　1
1.1.1　建筑是庇护所 …… 1
1.1.2　建筑是由实体和虚无所组成的空间 …… 3
1.1.3　建筑是三维空间和时间组成的统一体 …… 3
1.1.4　建筑是艺术和技术的综合体 …… 4
1.1.5　建筑内涵的其他提法 …… 5

1.2　建筑的基本构成要素　　6
1.2.1　建筑功能 …… 6
1.2.2　建筑的物质技术条件 …… 8
1.2.3　建筑形象 …… 10

1.3　建筑设计的四个特征　　12
1.3.1　创造性 …… 12
1.3.2　综合性 …… 13
1.3.3　社会性 …… 13
1.3.4　协作性 …… 14

1.4　建筑的五个分类方式　　14
1.4.1　根据功能和用途分类 …… 14
1.4.2　根据结构用材分类 …… 17
1.4.3　根据结构形式分类 …… 18
1.4.4　根据建筑高度分类 …… 21
1.4.5　根据建筑量级分类 …… 23

1.5　建筑设计的基本程序　　24

第 2 章　建筑设计发展简史　　26

2.1　西方古代建筑史的典型设计思潮　　26

　　2.1.1　古希腊建筑 …………………………………… 26
　　2.1.2　古罗马建筑 …………………………………… 28
　　2.1.3　中世纪建筑 …………………………………… 29
　　2.1.4　文艺复兴时期建筑 …………………………… 31
　　2.1.5　巴洛克建筑 …………………………………… 33
　　2.1.6　洛可可建筑 …………………………………… 36

2.2　西方近现代建筑史的重要构成　　38

　　2.2.1　古典主义建筑 ………………………………… 38
　　2.2.2　新古典主义建筑 ……………………………… 41
　　2.2.3　浪漫主义建筑 ………………………………… 46
　　2.2.4　折衷主义建筑 ………………………………… 47
　　2.2.5　现代主义建筑 ………………………………… 49
　　2.2.6　后现代主义建筑 ……………………………… 57
　　2.2.7　新现代主义建筑 ……………………………… 62
　　2.2.8　解构主义建筑 ………………………………… 67
　　2.2.9　建构主义建筑 ………………………………… 69

2.3　中国古代建筑的历史进程　　70

　　2.3.1　中国古代建筑体系 …………………………… 71
　　2.3.2　中国古代木构建筑的七种主要构件及装饰 …… 73
　　2.3.3　中国古代建筑设计发展的五个代表阶段 ……… 78

2.4　中国近现代的建筑设计史　　87

　　2.4.1　中国近代建筑 ………………………………… 87
　　2.4.2　中国现代建筑 ………………………………… 89

第 3 章　建筑平面设计　91

3.1　建筑平面设计概述　91

3.1.1　建筑平面设计的概念　91
3.1.2　建筑平面设计的作用　91

3.2　建筑平面图的组成　94

3.2.1　主要房间的平面设计　95
3.2.2　辅助房间的平面设计　103
3.2.3　交通联系部分的平面设计　108

3.3　建筑平面组合设计　116

3.3.1　建筑平面组合设计的要求　116
3.3.2　基地环境对建筑平面组合的影响　121
3.3.3　建筑平面的几何形态　129
3.3.4　建筑平面的组合方式　131

第 4 章　建筑造型的艺术设计　134

4.1　建筑造型的构思方法　134
4.2　建筑体形和立面设计的美学原则　139

4.2.1　统一与变化　139
4.2.2　对比与微差　141
4.2.3　节奏与韵律　143
4.2.4　比例与尺度　146
4.2.5　联系与分隔　149
4.2.6　均衡与稳定　151

4.3 建筑体形设计 154
  - 4.3.1 两种主要的体形组合类型 …… 154
  - 4.3.2 体形转折 …… 155
  - 4.3.3 体量的联系与交接 …… 156

4.4 建筑立面处理 157
  - 4.4.1 立面设计的空间性和整体性 …… 157
  - 4.4.2 立面虚实与凹凸关系的处理 …… 159
  - 4.4.3 立面线条的处理 …… 160
  - 4.4.4 立面色彩和质感的处理 …… 161
  - 4.4.5 立面重点处理 …… 162
  - 4.4.6 立面局部细节的处理 …… 163

4.5 光与影的艺术表达 164
  - 4.5.1 光影的概述 …… 164
  - 4.5.2 光影的作用 …… 165
  - 4.5.3 建筑物外部设计中光影的应用 …… 166
  - 4.5.4 建筑物内部设计中光影的应用 …… 167

4.6 建筑设计中色彩的运用 170
  - 4.6.1 色彩在建筑设计中的主要功能 …… 171
  - 4.6.2 色彩的视觉现象和心理效果 …… 174
  - 4.6.3 建筑设计中色彩设计要考虑的六个因素 …… 176
  - 4.6.4 建筑立面色彩的规划与设计 …… 181
  - 4.6.5 色彩在室内设计中的应用 …… 185

第 5 章 建筑设计的新思潮 193

5.1 人性化与高情感 193

5.2 信息化与智能化　195
5.3 艺术化　196
5.4 大型化与综合化　197
5.5 生态与可持续发展　198
　　5.5.1 耐久适用 …………………………………… 200
　　5.5.2 节约环保 …………………………………… 201
　　5.5.3 健康舒适 …………………………………… 202
　　5.5.4 安全可靠 …………………………………… 203
　　5.5.5 自然和谐 …………………………………… 204
　　5.5.6 低耗高效 …………………………………… 206
　　5.5.7 绿色文明 …………………………………… 207
　　5.5.8 科技先导 …………………………………… 208
5.6 民族性与地域性　210
5.7 集装箱建筑的机动性　211
5.8 极简主义　216

第6章　著名建筑设计师及其建筑作品　220

6.1 理查德·迈耶的白色建筑情结　220
6.2 "建筑鬼才"让·努维尔　222
6.3 贝聿铭与苏州博物馆新馆　228
6.4 安藤忠雄与京都府立陶板名画庭　230
6.5 "解构主义大师"扎哈·哈迪德　232

参 考 文 献　237

第1章

建筑设计概论

1.1 建筑的概念

从广义上讲,建筑学是研究建筑及其环境的学科,是一门跨越工程技术和人文艺术的学科。建筑学所涉及的建筑艺术和建筑技术,以及作为实用艺术的建筑艺术所包括的美学的一面和实用的一面,它们虽有明确的不同但又密切联系,并且其分量随具体情况和建筑物的不同而大不相同。

建筑的内涵比较广,概括来讲,有如图1.1-1所示的四个方面。

◎ 图1.1-1 建筑的四个内涵

1.1.1 建筑是庇护所

庇护所是建筑最原始的含义。所谓庇护所,是指可以让人们免受

> 庇护所是建筑最原始的含义。

恶劣天气和敌兽侵袭的场所。在原始社会时期,原始人类改造自然的能力极其低下,居住在天然洞穴之中。洞穴就是原始人类的庇护所,是原始人类躲避风霜雨雪的场所。穴居的生活方式主要集中在当时黄河流域的黄土地带。如图 1.1-2 所示的是穴居发展序列示意图。

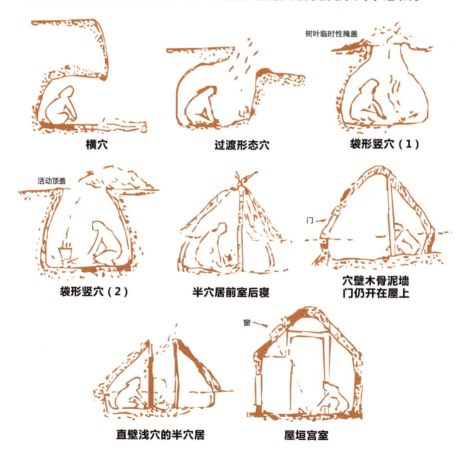

◎ 图 1.1-2　穴居发展序列示意图

> 长度、宽度和高度构成了建筑的三维空间。时间则赋予了建筑更加深刻的内涵。

1.1.2　建筑是由实体和虚无所组成的空间

从空间的角度上讲,建筑空间有建筑内环境和建筑外环境。建筑内环境中的实体是指门、窗、墙体、柱子、梁、板等结构构件。建筑内环境中的虚无是指实体部分所围合的部分。建筑外环境是若干栋建筑所围合形成的空间环境,包括植物、道路、水体、景观设施等要素,这构成了建筑外部环境,是"虚"的空间;而若干建筑是实体部分。

1.1.3　建筑是三维空间和时间组成的统一体

无论是建筑内部空间还是建筑外部形态,都有相应的长度、宽度和高度,它们构成了建筑的三维空间,从而使人们可以多角度、立体地观察建筑形象。时间作为建筑的另一载体,赋予了建筑更加深刻的内涵,如展览馆或博物馆中反映历史题材的展品,通过采用声、光、电等技术实现历史场景的再现,让观众有种身临其境的感受;再如圆明园建筑遗址作为时间和空间的载体(见图1.1-3),承载了中国晚清时期被八国联军侵略的历史,是一部生动的历史教科书。

◎ 图1.1-3　圆明园建筑遗址

1.1.4 建筑是艺术和技术的综合体

建筑设计是一门艺术设计，主要反映在建筑表现上。对于建筑创作者而言，建筑表现应体现艺术审美的一般规律，符合人们的审美情趣，与设计主题紧密联系。同时，建筑创作也离不开技术支持，建筑技术为建筑艺术的实现提供支持，主要反映在建筑材料、建筑结构、建筑施工等方面的应用上。

如图1.1-4所示为扎哈·哈迪德设计的香奈儿艺术展览馆。扎哈·哈迪德设计的永恒主题就是不断引发观者的好奇心。展馆最初的设计灵感源自香奈儿经典菱格纹手袋，并以自然的有机系统实现了形式与功能的完美结合。展览馆的流动形体是扎哈·哈迪德对自然有机系统研究的结果，其形体演变于自然界的螺旋形贝壳。在自然界中，有机系统的生长是最繁盛的，这恰好顺应了建筑沿周边向外扩展的需求，对应地，在入口平台设置了 $128m^2$ 的公共区域。数据成像软件及施工技术的复杂性和先进性使流动艺术展览馆的建造成为可能。设计师依靠新的数字设计和制造技术催生了自然流动的建筑语言，创造了整个展览馆的有机形体——不再是20世纪工业时代的重复建筑。

◎ 图1.1-4 扎哈·哈迪德设计的香奈儿艺术展览馆

> 日本当代建筑大师安藤忠雄：建筑是生活的容器。

> 美国建筑大师弗兰克·劳埃德·赖特：建筑是用结构来表达思想的科学性艺术。

1.1.5　建筑内涵的其他提法

"建筑是凝固的音乐"，这一名言由德国著名哲学家谢林提出，后人在此基础上补充道："音乐是流动的建筑。"这两句话显示出建筑与音乐之间有许多相通或相似之处。例如，在建筑立面造型上讲究建筑元素的节奏感和韵律美，在音乐中运用节奏、旋律、强弱、装饰音等表达情感。

日本当代建筑大师安藤忠雄提出"建筑是生活的容器"。人们生活不仅仅为了生存，还需工作、人际交往、健身、娱乐、学习等。如果将建筑比作"容器"，墙面和屋顶就是容器的外壳，建筑作为容器需要满足人们日常生活中的全部需求。

许多建筑学家针对中国古代建筑发展特色，提出"建筑是一部木头的史书"。中国古代建筑主要以木结构建筑为主，其建筑类型涵盖了民居建筑、园林建筑、陵墓建筑、宗教建筑、宫殿坛庙建筑等。还有一些建筑学家根据西方建筑发展特点，认为"建筑是一部石头的史书"。西方古代建筑以砖石结构建筑为主，其建筑类型涵盖了纪念性建筑、宗教建筑、宫殿建筑、体育建筑、居住建筑、陵墓建筑等。这两种提法从两个不同侧面反映出建筑发展的特征。

关于建筑的内涵，现代建筑大师还有以下观点：如法国著名建筑师、机械美学理论的奠基人勒·柯布西耶（1887—1965年）提出的"建筑是住人的机器"；美国建筑大师弗兰克·劳埃德·赖特（1867—1959年）认为"建筑是用结构来表达思想的科学性艺术"；等等。

随着社会的发展和科学技术的进步，建筑所包含的内容、所要解

> 建筑设计的定义：建筑设计是指建筑物在建造之前，设计者按照建设任务，把施工过程和使用过程中所存在的或可能发生的问题，事先做通盘的设想，拟定好解决这些问题的办法、方案，用图纸和文件表达出来，作为备料、施工组织工作和各工种在制作、建造工作中互相配合协作的共同依据。

决的问题越来越复杂，涉及的相关学科越来越多，材料上、技术上的变化越来越迅速，单纯依靠师徒相传、经验积累的方式，已不能适应这种客观现实；加上建筑物往往要在很短时期内竣工使用，难以由匠师一身二任，客观上需要更为细致的社会分工，这就促使建筑设计逐渐形成专业，成为一门独立的分支学科。

概而言之，建筑设计是指建筑物在建造之前，设计者按照建设任务，把施工过程和使用过程中所存在的或可能发生的问题，事先做通盘的设想，拟定好解决这些问题的办法、方案，用图纸和文件表达出来，作为备料、施工组织工作和各工种在制作、建造工作中互相配合协作的共同依据。建筑设计便于整个工程得以在预定的投资限额范围内，按照周密考虑的预定方案，统一步调，顺利进行，并使建成的建筑物充分满足使用者和社会所期望的各种要求。

1.2 建筑的基本构成要素

1.2.1 建筑功能

不同的建筑类型有着不同的建筑功能，但均要满足基本的功能要求。

1. 使用功能要求

建筑的使用功能不同，对建筑设计的要求也有所差异。例如，火车站候车大厅要求满足旅客检票和登车之前休息的功能；影剧院要求视听效果良好、观众疏散速度快；展览馆和博物馆要求展品合理布局，参观者有简洁、完整的观摩路线；商场要求客流与货流互不干扰；计算机实验中心要求用电安全、室内保持良好的通风环境；高速公路服务区要求具备购物、休息、餐饮等功能；幼儿园要求幼儿生活用房、工作人员服务用房和后勤人员供应用房相对独立等。

如图1.2-1所示为加拿大卡尔加里中央图书馆，其空间设计既有趣又严肃。在较低楼层设置的是一些活跃有趣的公共活动空间，较高的楼层则是较为安静的学习区域。在靠近街道的建筑物周边安排了一系列多功能房间，增强了内部与外部之间的连通性。在一楼的儿童图书馆里设置了游戏室，可以进行手工艺、绘画、早教计划和室内游戏体验。整个六层提供了各种数字模拟空间，供团队和个人进行互动等活动。图书馆的最高层是一间大阅览室，设计师将其构思成藏在图书馆内的珠宝盒，它营造的空间供读者专注于学习和发现灵感。建筑内部没有实际的墙面，通过垂直木板条划分空间，既保护了读者的隐私，又增强了空间的通透性。

◎ 图1.2-1　加拿大卡尔加里中央图书馆

2. 尺度要求

对于建筑尺度而言，建筑的尺度和建筑设计目标应统一。例如，人民英雄纪念碑具有庄严、雄伟、挺拔的尺度感。对于室内空间而言，

> 建筑要有良好的保温、隔热、隔声、防火、防潮、采光与通风等物理性能，这也是人们创造实用、舒适的工作、生活、学习环境所必备的条件。

室内空间尺度应满足人们在室内活动的需要，尺寸不宜过大或过小。例如，平层住宅的建筑层高宜为 3m，尺寸过大不仅浪费了相应的建筑材料，而且给人空荡荡的感受；尺寸过小会使人们心理上产生压抑感，甚至影响使用功能。对于室内空间中的家具而言，尺度上应满足人们的使用要求，如卧室中矩形双人床的宽度应在 1500~1800mm，长度应在 1800~2100mm，床头靠背应距离地面 1060mm 左右。

3. 物理性能要求

建筑设计要达到建筑节能要求，而建筑要有良好的保温、隔热、隔音、防火、防潮、采光与通风等物理性能，这也是人们创造实用、舒适的工作、生活、学习环境所必备的条件。例如，Law-E 玻璃因其优异的保温隔热性能近年来在建筑物门窗设计与施工中逐步普及，同时可以有效避免光污染；在影剧院观众厅的吸声天花板上加设一层隔音吊顶，可以有效解决因影剧院上部结构传来的噪音对视听环境的干扰；自动喷水灭火系统普遍应用在大型商场、酒店、办公楼中，当建筑物发生火灾时可以起到自动喷水灭火的作用；老年人公寓、敬老院、养老院等建筑的日照时长不应低于冬至日（一般在公历 12 月 22 日或 12 月 23 日）日照 2 小时的标准等。

1.2.2　建筑的物质技术条件

1. 建筑结构技术

随着建筑科技的不断发展，建筑结构技术日新月异，无论是富有强烈时代气息的大跨度的场馆建筑、高耸的摩天大楼,还是带有传统仿旧韵味的特色建筑,建筑结构技术都应用在建筑设计与建筑施工中。

2. 建筑材料创新与应用

建筑材料是随着科技的发展而不断革新的。从木材到砖瓦,再到后来出现的钢铁、水泥、混凝土及其他材料,它们为现代建筑的发展奠定了基础。20世纪后,保温隔热材料、吸声降噪材料、耐火防火材料、防水抗渗材料、防爆防辐射材料等应运而生,尤其是塑胶材料的出现给建筑创作开辟了新的空间。这些新型建筑材料往往被建筑师应用在地标性建筑上。如图1.2-2所示,纽约卫生局盐棚(Salt Shed)拥有多面的混凝土面板,这一标志吸引了众多建筑爱好者前来拍照。

◎ 图1.2-2 纽约卫生局盐棚

3. 建筑施工

建筑施工是指在建筑设计单位完成建筑施工图纸之后,施工单位依据图纸要求在指定地点实施建筑建设的生产活动。建筑施工包括施工技术和施工组织两个方面。

当今的建筑施工普遍存在建筑工程规模大、建设周期长、施工技术复杂、质量要求高、工期限制严格、工作环境艰苦、不安全因素相对较多等特点，因此，提高建筑施工技术及加强建筑施工组织显得尤为重要。

1.2.3 建筑形象

1. 建筑的内部空间形象

建筑室内空间的尺度、界面的造型、家具和陈设品等要素构成了建筑的内部空间形象。不同的建筑内部空间形象会给人们带来不同的感受（见图1.2-3）。

（a）星巴克臻选广州天环广场店

（b）北京鲜鱼口城市客厅

（c）巴西里约绿色住宅

（d）杭州首创阅书馆

◎ 图1.2-3 不同的建筑内部空间形象会给人们带来不同的感受

建筑的外观形象主要指建筑体形、建筑外部立面和屋顶形态、细部装饰构造等。

建筑的色彩形象主要指建筑外立面建筑材料的色彩搭配、装饰色彩，建筑内部空间装饰装修后的色彩搭配等。

2. 建筑的外观形象

建筑的外观形象主要指建筑体形、建筑外部立面和屋顶形态、细部装饰构造等。如图 1.2-4 所示为兹沃勒环绕停车场，建筑的形式和功能受到穿越中亚的丝绸之路的启发，外立面采用东方情调的色彩和图案装饰。环绕建筑的优美曲线突出于顶部，表面是凹凸的砖纹理。五种不同的砖图案日落后在聚光灯下神奇地显现出来，创造了一种如童话般梦幻的氛围。

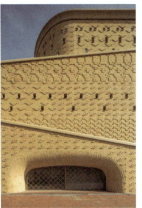

◎ 图 1.2-4　兹沃勒环绕停车场

3. 建筑的色彩形象

建筑的色彩形象主要指建筑外立面建筑材料的色彩搭配、装饰色彩，建筑内部空间装饰装修后的色彩搭配等。

如图 1.2-5 所示为韩国国家戏剧公司铁皮集装箱主楼，为了强调出集装箱的模块形式，设计师特意使用了亮色，在已有的建筑和场所——旧的加油站与中心绿地之间保持平衡。在室内设计上，设计师通过使用浅色的墙体创造出明亮的室内氛围，给人们温馨的印象，与外部醒目的红色相呼应。

◎ 图 1.2-5　韩国国家戏剧公司铁皮集装箱主楼

1.3　建筑设计的四个特征

建筑设计的四个特征，如图 1.3-1 所示。

1.3.1　创造性

◎ 图 1.3-1　建筑设计的四个特征

建筑设计是一种以技术为支撑的创意活动。建筑具有实用功能，需要通过一定的技术手段来实现，同时，它也是人们日常生活中大量的视觉艺术形式的一种。作为设计活动的一种，建筑设计源于生活，创造性是建筑设计活动的主要特点，艺术和审美的表达

> 创造性是建筑设计活动的主要特点，艺术和审美的表达是其核心内容，甚至可以说在某种程度上超越了功能和技术的控制。

> 建筑设计活动是社会性的活动，建筑师必须平衡和协调各方面矛盾，寻求社会效益、经济效益、环境效益、个性创造的平衡点，尽力满足多元化社会的多种需求，尊重文化、尊重环境、关怀人性。

无疑是其核心内容，甚至可以说在某种程度上超越了功能和技术的控制。

1.3.2　综合性

建筑设计是一门综合性学科。建筑设计活动涉及多学科的知识内容，是多学科知识的综合运用。建筑师既要具有美学、艺术、文学、哲学、心理等人文修养，同时也要掌握建筑材料与构造、建筑经济、建筑设备、建筑物理等技术知识，了解行业法规，同时应具有一定的统筹能力，能组织协调各专业人员高效工作。建筑师不仅是建筑作品的主要创作者，更是建筑设计活动中的组织者和协调者。

1.3.3　社会性

建筑设计是追求协调与平衡的社会性活动。建筑师的创作活动不能脱离其自身的生活背景、价值取向、审美喜好、思想意识等因素的影响，同时，业主的个性爱好也会影响建筑设计活动。因此，建筑设计活动是社会性的活动，建筑师必须平衡和协调各方面矛盾，寻求社会效益、经济效益、环境效益、个性创造的平衡点，尽力满足多元化社会的多种需求，尊重文化、尊重环境、关怀人性。

如图 1.3-2 所示为默瑟岛消防站 FS92，其设计为这个小岛屿社区的行人和车辆的主要通道提供了引人入胜的景观，同时，促进了消防站服务人员与外界的联系，从而提高了对这些重要服务的宣传力度和公众认知。设计团队为建筑融入了许多可持续的功能，以减少能源消耗，为消防员提供良好的热舒适性。该消防站拥有高效节能的外壳，车辆舱内的快速双向门减少了紧急响应时舱门打开的时间。

1.3.4　协作性

◎ 图 1.3-2　默瑟岛消防站 FS92

建筑设计是典型的团队协作活动。当代城市建筑建设规模越来越大，综合性增强，功能日益复合多元。随着当代科学技术的迅速发展，分工细化，建筑设计日益成为一种典型的团队协作活动，建筑师在建筑设计活动中必须依靠与其他专业工程师的密切配合才能顺利地完成设计工作。

1.4　建筑的五个分类方式

不同的建筑，其设计要求和相应的执行标准也不尽相同。准确区分建筑的类别是进行建筑设计必须掌握的基本知识。一般来说，建筑类别可以从五个方面进行划分，如图 1.4-1 所示。

1.4.1　根据功能和用途分类

建筑按照功能和用途可分为生产性建筑和非生产性建筑两大类，其中生产性建筑主要包括工业建筑和农业建筑两种，而非生产性建筑则是指民用建筑。

> 民用建筑是指供人们居住和进行各种活动的建筑。

1 根据功能和用途分类
民用建筑、工业建筑、农业建筑

2 根据结构用材分类
木结构建筑、砖（石）结构建筑、钢筋混凝土结构建筑、钢结构建筑

3 根据结构形式分类
墙承重结构、框架结构、空间结构

4 根据建筑高度分类
（1）住宅建筑：1~3层为低层建筑；4~6层为多层建筑；7~9层为中高层建筑；10层以上为高层建筑。
（2）公共建筑及综合性建筑：总高度超过24m的为高层建筑

5 根据建筑量级分类
大量性建筑、大型性建筑

◎ 图 1.4-1　建筑的五个分类方式

1. 民用建筑

民用建筑是指供人们居住和进行各种活动的建筑。民用建筑根据用途的不同可分为居住建筑和公共建筑两大类。

（1）居住建筑。居住建筑是指供人们居住的各种建筑，主要包括住宅和宿舍两类（见图1.4-2）。

◎ 图 1.4-2　新型低能耗公寓 Bruck

第1章　建筑设计概论

> 公共建筑是指供人们进行各种社会活动的建筑，主要包括行政办公建筑、文教建筑、托幼建筑、医疗建筑、商业建筑、观演类建筑、旅馆建筑、交通建筑、广播建筑、科研建筑、园林建筑和纪念性建筑等。

> 工业建筑是为工业生产服务的建筑物与构筑物的总称，主要包括各种车间、辅助用房、生活间，以及相应的配套设施，如烟囱、水塔和水池等。

（2）公共建筑。公共建筑是指供人们进行各种社会活动的建筑，主要包括行政办公建筑、文教建筑、托幼建筑、医疗建筑、商业建筑、观演类建筑、旅馆建筑、交通建筑、广播建筑、科研建筑、园林建筑和纪念性建筑等。

如图1.4-3所示为丹麦水族馆。此水族馆四面皆水，旨在为游客打造一种置身水下的感觉。这座建筑物有五个从水族馆中心伸出的"手臂"。这样游客可以根据自己的喜好选择不同的"手臂"通道游览水族馆，观赏各种奇异的生物。

◎ 图1.4-3　丹麦水族馆

2. 工业建筑

工业建筑是为工业生产服务的建筑物与构筑物的总称，主要包括各种车间、辅助用房、生活间，以及相应的配套设施，如烟囱、水塔和水池等。如图1.4-4所示为印度斯通克斯工业建筑。

◎ 图1.4-4　印度斯通克斯工业建筑

> 农业建筑是为农业生产服务的建筑物与构筑物的总称，主要包括粮仓、水库、机井、拖拉机站、种子库房、温室和饲养场等。

3. 农业建筑

农业建筑是为农业生产服务的建筑物与构筑物的总称，主要包括粮仓、水库、机井、拖拉机站、种子库房、温室和饲养场等。如图1.4-5所示为日本IROHA村工厂。

◎ 图1.4-5　日本IROHA村工厂

1.4.2　根据结构用材分类

根据建筑承重结构的材料不同，可将建筑分为木结构建筑、砖（石）结构建筑、钢筋混凝土结构建筑及钢结构建筑。

1. 木结构建筑

木结构建筑是指以木材作为房屋承重骨架的建筑（见图1.4-6）。木结构具有自重轻、构造简单和施工方便等优点；但因木材易腐、不防火，并且我国森林资源较少，所以除极少数地区使用外，木结构现在已经很少采用了。

◎ 图1.4-6　木结构建筑

2. 砖（石）结构建筑

砖（石）结构建筑是指以砖或者石材作为承重墙、柱和楼板的建筑。这种结构便于就地取材，且造价相对低廉；但自重大，整体性能相对较差，不宜用于地震设防地区或者地基软弱的地区。

如图 1.4-7 所示为荷兰 ArtA 文化馆，由日本著名建筑师隈研吾带领团队设计而成。外层采用红黏土瓦片做成的"金银丝细工屏幕"网状结构的丝细墙，保护敏感的画廊免受阳光直射。同时，幕墙的透明度增强了内部与外部空间之间的视觉联系。

◎ 图 1.4-7　荷兰 ArtA 文化馆外层设计

3. 钢筋混凝土结构建筑

钢筋混凝土结构建筑是指以钢筋混凝土作为承重构件的建筑。它坚固耐久、防火、可塑性强，在当今建筑领域中应用较广。

4. 钢结构建筑

钢结构建筑是指结构的全部或者大部分都由钢材制作的建筑。钢结构力学性能好，便于制作与安装，结构自重轻，特别适宜于高层、超高层和大跨度建筑。

1.4.3　根据结构形式分类

结构是建筑物的骨架，是承力体系。组成该体系的最小单元是构

> 墙承重结构的特点：由墙来承受楼板或屋面板、梁传下来的荷载，墙既要用来围护和分隔空间，又要用来承重。

件，如墙体、柱、梁、板等。根据承担建筑荷载的构件不同，可以将建筑物大致划分为墙承重结构、框架结构及空间结构。

1. 墙承重结构

墙承重结构的特点是由墙来承受楼板或屋面板、梁传下来的荷载，墙既要用来围护和分隔空间，又要用来承重。由于墙的间距和位置受板和梁的经济跨度限制，因此，墙不能自由灵活地分隔空间，具有明显的局限性，极大地限制了平面组合的灵活性。墙承重结构一般适用于由面积不大的房间组成且同类房间数量较多的中小型民用建筑。如图 1.4-8 所示为采用墙体承重的门诊部平面图。

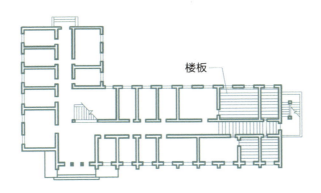

◎ 图 1.4-8 采用墙体承重的门诊部平面图

2. 框架结构

框架结构的特点是由柱承受梁和板传下来的荷载，墙只起围护、分隔作用，承重结构与围护结构分工明确。框架结构本身并不形成空间，只为形成空间提供一个骨架，这就给自由灵活地分隔空间创造了

> 框架结构的特点：由柱承受梁和板传下来的荷载，墙只起围护、分隔作用，承重结构与围护结构分工明确。

> 空间结构的特点：跨度大、自重轻、受力合理、用材经济，并且平面形式多样，能适应各种不同形状的建筑平面。

十分有利的条件。

框架结构对建筑平面组合的限制较少，各部分空间的大小和平面布置可按功能特点做不同的处理，立面开窗也比较灵活。但各空间的形式和平面尺寸应尽量与柱网的排列形式和尺寸协调，另外，大空间内出现的柱子也会影响有视线无遮挡等特殊功能要求的房间的正常使用。因此，框架结构一般适用于由允许出现柱子的大空间组成的建筑（见图1.4-9）。

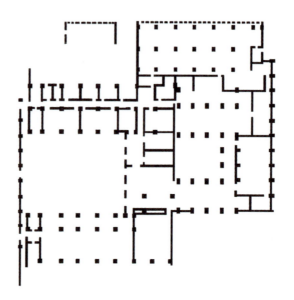

◎ 图1.4-9　框架结构建筑平面图

3. 空间结构

空间结构有网架结构、悬索结构、壳体结构、折板结构等多种形式。空间结构的特点是跨度大、自重轻、受力合理、用材经济，并且平面形式多样，能适应各种不同形状的建筑平面。由于大空间内不出现柱子，故可以满足某些特殊功能的要求。

空间结构一般适用于以大空间为主体的建筑，尤其是大空间内不允许出现柱子的建筑，如体育馆、影剧院等（见图1.4-10）。

（a）网架结构的体育馆　　　（b）悬索结构的杜勒斯国际机场

◎ 图 1.4-10　空间结构一般适用于以大空间为主体的建筑

1.4.4　根据建筑高度分类

1. 建筑高度

建筑高度是指从建筑物室外设计地面到檐口或屋面面层的高度。确定建筑高度的方法有以下五种。

（1）对于坡屋面，建筑高度应为建筑物室外设计地面到其屋檐和屋脊的平均高度（通常理解为山尖墙的一半处）。

（2）对于平屋面（包括有女儿墙的平屋面），建筑高度应为建筑物室外设计地面到其屋面面层的高度。

（3）当同一建筑有多种屋面形式时，建筑高度应按上述方法分别计算后，取其中最大值。

（4）局部凸出屋面的楼梯间、电梯机房、水箱间等辅助用房占屋顶平面面积不超过 1/4 者，凸出屋面的通风道、烟囱、装饰构件、花架、通信设施等，空调冷却塔等设备，可不计入建筑高度内。

（5）对于阶梯式地坪，同一建筑的不同部位可能处于不同高程的地坪上。此时，建筑高度的确定原则是：当位于不同高程地坪上的同一建筑之间设有防火墙分隔，各自有符合要求的安全出口，且可沿建筑的两个长边设置消防车道或设有尽头式消防车道时，可分别计算建筑高度。否则，仍应按其中建筑高度最大值确定。

2. 层高

层高是指上下两层楼面或楼面与地面之间的垂直距离。通常，建筑物各层之间以楼、地面面层的垂直距离计算，屋顶层由该层楼面面层至平屋面的结构面层或至坡顶的结构面层与外墙外皮延长线交点的垂直距离计算。

3. 自然层数

自然层数是指按楼板、地板结构分层的楼层数。

建筑的地下室、半地下室的顶板面高出室外设计地面的高度小于等于1.5m者，建筑底部设置的高度不超过2.2m的自行车库、储藏室、敞开空间，以及建筑屋顶上凸出的局部设备用房、出屋面的楼梯间等，可不计入建筑自然层数内。住宅顶部为两层一套的跃层，可按一层计，其他部位的跃层、顶部多于两层一套的跃层（按照跃层的自然层数 -1），其层数应计入建筑的总层数中。

4. 分类

（1）在住宅建筑中，1~3 层为低层建筑，4~6 层为多层建筑，7~9 层为中高层建筑，10 层以上为高层建筑。此外，建筑高度大于 27m 的住宅建筑也定义为高层建筑。

（2）在公共建筑及综合性建筑中，总高度超过 24m 的为高层建筑（不包括高度超过 24m 的单层主体建筑）；建筑高度超过 100m 的，不论是住宅、公共建筑，均为超高层建筑。

> 大量性建筑是指量大面广、与人们生活密切相关的建筑，如住宅、商店、旅馆、学校等。

> 大型性建筑是指建筑规模庞大，耗资巨大，不能随意随处修建，而且修建数量有限的建筑，如大型体育馆、大型办公楼、大型剧院、大型车站、博物馆、航空港等。

1.4.5 根据建筑量级分类

建筑物根据其规模与数量可分为大量性建筑和大型性建筑两大类。

1. 大量性建筑

大量性建筑是指量大面广、与人们生活密切相关的建筑，如住宅、商店、旅馆、学校等（见图 1.4-11）。这些建筑在城市与乡村都是不可缺少的，修建数量很大，故称为大量性建筑。

◎ 图 1.4-11　美国范德比尔特大学护理学院

2. 大型性建筑

大型性建筑是指建筑规模庞大，耗资巨大，不能随意随处修建，而且修建数量有限的建筑，如大型体育馆、大型办公楼、大型剧院、大型车站、博物馆、航空港等（见图 1.4-12）。

◎ 图 1.4-12　桂林灵渠展示中心

1.5 建筑设计的基本程序

建筑设计的基本程序是指在建筑设计活动中从最初的设计概念向设计目标逐渐发展的过程。中国现行的建筑设计的基本程序大致分为四个阶段，即前期准备、方案设计、初步设计和施工图设计（见图1.5-1）。

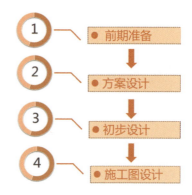

◎ 图1.5-1 建筑设计的基本程序

1. 前期准备

前期准备主要包括研究设计依据，收集原始资料，现场踏勘及调查研究。前期准备的主要工作成果包括七个方面，如图1.5-2所示。

◎ 图1.5-2 建筑设计前期准备的主要工作成果

2. 方案设计

方案设计是建筑设计程序中的关键环节，在这一环节中，建筑师的设计思想和意图将被确立并形象化。方案设计对建筑设计过程所起的作用是开创性的和指导性的。方案设计主要包括方案设计文件编制和建设项目投资估算。

3. 初步设计

初步设计主要包括建筑初步设计文件编制和建设项目设计概算。建筑初步设计文件应当满足施工招标文件编制、主要设备材料订货和建筑施工图设计文件编制的需要。

4. 施工图设计

施工图设计主要包括建筑施工图设计文件编制和施工图预算两个部分的内容。建筑施工图设计文件应当满足设备材料采购、非标准设备制作和施工的需要，并注明建设工程的合理使用年限。

第 2 章
建筑设计发展简史

2.1 西方古代建筑史的典型设计思潮

2.1.1 古希腊建筑

古希腊建筑以神庙建筑最为发达,其对后续建筑最大的影响就是它的建筑形式:用梁、柱围绕建筑主体,形成一圈连续的围廊,立柱、梁枋和两坡顶的山墙共同构成了建筑立面。经过几个世纪的发展,古希腊建筑逐渐形成了多立克、爱奥尼、科林斯三种主要柱式(见图 2.1-1)。

◎ 图 2.1-1 多立克、爱奥尼、科林斯三种柱式(从左至右)

古希腊建筑以神庙建筑最为发达，其对后续建筑最大的影响就是它的建筑形式：用梁、柱围绕建筑主体，形成一圈连续的围廊，立柱、梁枋和两坡顶的山墙共同构成了建筑立面。古希腊建筑主要有多立克、爱奥尼、科林斯三种柱式。

1. 多立克柱式

多立克柱式是古希腊建筑中最基本的柱式，主要特征是没有独立的柱基，立柱被直接安置在台基之上。柱身较高，表面是一条条垂直平行的凹槽，凹槽从柱子的底部一直延伸至顶端，柱头没有多余的装饰，仅由圆板和方板组成。多立克柱式的造型特点是粗壮有力，体现出了男性深厚刚毅的力感。

2. 爱奥尼柱式

爱奥尼柱式的主要特征是：有柱基，柱头的正面和背面都有一对涡卷，柱高与柱径的比例增大，柱身凹槽也增多，体现出了女性的柔美。

3. 科林斯柱式

科林斯柱式是在爱奥尼柱式的基础上发展而来的，主要特征是柱头上的涡卷被雕饰成毛茛叶型，显得十分高贵华丽，而柱式的其他部分与爱奥尼柱式基本一致。

古希腊时期的代表建筑是雅典卫城建筑群，包括山门、胜利女神庙、帕提农神庙（见图2.1-2）、伊瑞克提翁神庙和雅典娜铜像。雅典卫城的布局继承并

◎ 图2.1-2　雅典卫城建筑群中的帕提农神庙

> 古罗马建筑继承了古希腊建筑的柱式，并在建筑结构技术方面取得了很大的成就，创造了与拱券结构相结合的柱式建筑。

发展了古希腊民间自然圣地自由活泼的布局方式，不仅巧妙地利用了地形，而且考虑了观赏者的视角，是古希腊建筑中的杰出代表。

2.1.2　古罗马建筑

古罗马建筑继承了古希腊建筑的柱式，并在建筑结构技术方面取得了很大的成就，创造了与拱券结构相结合的柱式建筑。古罗马建筑的发展得益于罗马帝国强大的国家实力和经济基础，从而创造了一系列新的建筑类型。除了建筑形式的推陈出新，古罗马建筑理论及相关著作也应运而生。古罗马建筑大师维特鲁威的理论著作《建筑十书》，在总结前人经验的基础上，开创性地提出了具有深远意义的建筑三要素：实用、坚固、美观，奠定了西方数百年建筑艺术发展的理论基础。古罗马时期的代表建筑是罗马万神庙（见图2.1-3）和罗马大角斗场（见图2.1-4）。

罗马万神庙是罗马帝国时期最为壮观的神庙建筑，由阿格里帕主持修建，最初建于公元前27年，后遭雷击破坏，于公元120—124年重建。万神庙的圆形大殿因其宏大的规模和精巧的建筑结构闻名于世，其结构技术相当高超。

◎ 图2.1-3　罗马万神庙

> 中世纪时期的建筑以宗教建筑为主，主要有罗马式建筑、拜占庭式建筑、哥特式建筑。

罗马大角斗场是罗马帝国时期最著名的建筑，建于公元70—82年，是专门供奴隶主阶级和平民观看角斗和斗兽以及其他游戏而建造的，外观呈椭圆形，所以又被称为"大斗兽场"或"大圆剧场"。整个角斗场分为四层，在下三层中，每一层的柱子都不一样，一层比一层轻巧、华丽，体现了古罗马建筑艺术当时的水平。

◎ 图2.1-4　罗马大角斗场

2.1.3　中世纪建筑

中世纪是指公元5—15世纪大约1000年的时间区间。这个时期的建筑以宗教建筑为主，主要有罗马式建筑、拜占庭式建筑、哥特式建筑。

1. 罗马式建筑

罗马式建筑采用从巴西里卡式演变过来的平面结构形式，在建筑结构上广泛采用拱券，创造出复杂的骨架体系建筑拱顶。建筑的前后一般都配以碉堡式的塔楼，后来塔楼逐渐固定在西面正门的两侧，成为罗马式建筑的标志之一。建筑的内部装饰主要使用绘画和雕塑，其代表性建筑有意大利的比萨大教堂（见图2.1-5）。

◎ 图 2.1-5　比萨大教堂

2. 拜占庭式建筑

拜占庭式建筑是罗马晚期艺术形式与东方艺术形式相结合的产物，既有西方艺术的博大精深，又融合了浓厚的东方韵味。罗马早期的宗教建筑主要沿用罗马陵墓圆形或多边形的平面结构和万神庙的圆穹顶，到了中期，建筑较多采用古希腊正十字式的平面结构，取代了之前圆形和多边形的形式。拜占庭式建筑的特点是善于利用较高的屋顶、较大的窗户和轻薄的墙体。其代表性建筑是君士坦丁堡的圣索菲亚大教堂（见图2.1-6）。

◎ 图 2.1-6　圣索菲亚大教堂

> 文艺复兴时期建筑最明显的特征就是对中世纪时期的哥特式建筑风格的扬弃，而在宗教和世俗建筑上重新采用古希腊和古罗马时期的建筑样式。

3. 哥特式建筑

哥特式建筑将罗马式建筑中的拱券进行了改良，创造出富有骨架感的曲形拱，并在曲形拱的基础上安置高耸的尖顶柱式，使得各个建筑的高度不断被刷新，人在建筑内部也能够产生一种升华感，彰显了宗教建筑的意义。哥特式建筑内部几乎没有墙壁，骨架间是高大的窗户，建筑内部采光充足，配以彩色玻璃花窗，营造出绚烂的感觉。其代表性建筑有法国的巴黎圣母院（见图2.1-7）和德国的科隆大教堂（见图2.1-8）。

◎ 图 2.1-7　巴黎圣母院　　　　◎ 图 2.1-8　科隆大教堂

2.1.4　文艺复兴时期建筑

欧洲的文艺复兴是世界历史发展的一个重要阶段。文艺复兴时期建筑最明显的特征就是对中世纪时期的哥特式建筑风格的扬弃，而在宗教和世俗建筑上重新采用古希腊和古罗马时期的建筑样式。可以说，文艺复兴时期的建筑，很好地继承和发展了古希腊和古罗马的建筑法则。

文艺复兴时期建筑的墙体设计有以下两种表现形式：

（1）在结构方面化繁为简。

（2）建筑外观是简单的几何造型。屋顶支承多采用筒形穹顶，而不是交叉穹顶，这就更加符合外观和结构上的要求。因此，这时期的建筑物多采用立方体或六面体的简洁几何造型。

文艺复兴时期的代表性建筑有罗马的坦比哀多礼拜堂、圣彼得大教堂、圆厅别墅等。

1. 坦比哀多礼拜堂

坦比哀多礼拜堂是一座集中式的圆形建筑物（见图2.1-9），其外墙面直径6.1m，周围一圈多立克式的柱廊，16根塔司干柱式廊柱围绕，高3.6m，连穹顶上的十字架在内，总高为14.7m。集中式的形体、饱满的穹顶、圆柱形的教堂和鼓座，外加一圈柱廊，使其体积感很强，建筑物虽小，但有很强的层次感，富于多种几何体的变化，虚实映衬，构图丰富。环廊上的柱子，经过鼓座上臂柱的接应，同穹顶的肋相连，自下而上，一气呵成，浑然一体。

◎ 图2.1-9　坦比哀多礼拜堂

2. 圣彼得大教堂

圣彼得大教堂最初是由君士坦丁大帝于公元326—333年在圣伯多禄的墓地上修建的，又称老圣伯多禄大教堂（见图2.1-10）。圣

> 巴洛克建筑的特点：外形自由，追求动态，喜好富丽的装饰和雕刻、强烈的色彩，常用穿插的曲面和椭圆形空间，宣扬自己独特的个性。

彼得大教堂呈罗马式建筑和巴洛克式建筑风格，是世界上最大的教堂。

3. 圆厅别墅

圆厅别墅是意大利文艺复兴时期的著名建筑，自建成以来对世界各地的建筑产生了深远的影响。作品中体现出的完整鲜明、和谐对称的建筑形式，优美典雅的建筑风格，就像是一首优美动听的田园曲，散发出宁静雅致的美感，为后世建筑确立了光辉的典范，吸引了众多建筑师追随效仿。圆厅别墅以雅洁的白色为主色调，用色素雅，衬托着头顶的蓝天白云，和旁边的茵茵碧草，带有一种"绚烂至极归于平淡"的淡然，透出矜持庄重、高雅安宁的气质（见图2.1-11）。

◎ 图 2.1-10　圣彼得大教堂

◎ 图 2.1-11　圆厅别墅

2.1.5　巴洛克建筑

17 世纪的欧洲提倡豪华享受，因此对建筑、音乐、美术也要求豪

第 2 章　建筑设计发展简史　33

华生动、富于热情的情调。巴洛克建筑是17—18世纪在意大利文艺复兴时期建筑的基础上发展起来的一种建筑和装饰风格。其特点是外形自由，追求动态，喜好富丽的装饰和雕刻、强烈的色彩，常用穿插的曲面和椭圆形空间，宣扬自己独特的个性。巴洛克建筑的主要特征可以归纳为如图2.1-12所示的四点。

1	具有强烈的庄重、对称的特征
2	具有强烈的凹凸感，用大量曲线代替直线，使形象产生强烈的扭曲感
3	多繁复的装饰，用许多雕塑和浮雕使建筑产生丰富的运动感
4	用不完整构图代替完整形象，如断山花、重叠山花和巨型曲线等，以突出个性

◎ 图2.1-12 巴洛克建筑的主要特征

巴洛克建筑的代表：罗马耶稣会教堂、（罗马）圣卡罗教堂、（梵蒂冈）圣彼得广场等。

1. 罗马耶稣会教堂

罗马耶稣会教堂是第一座巴洛克建筑（见图2.1-13）。意大利文艺复兴晚期著名建筑师和建筑理论家维尼奥拉设计的罗马耶稣会教堂，是由手法主义向巴洛克风格过渡的代表作，被称为第一座巴洛克建筑。罗马耶稣会教堂建筑平面为长方形，端

◎ 图2.1-13 罗马耶稣会教堂

部突出一个圣龛，由哥特式教堂惯用的拉丁十字形演变而来，中厅宽阔，拱顶满布雕像和装饰。两侧用两排小祈祷室代替原来的侧廊。十字正中升起一座穹隆顶。教堂的圣坛装饰富丽而自由，上面的山花突破了古典法式，作圣像和装饰光芒。教堂立面借鉴早期文艺复兴建筑大师阿尔伯蒂设计的佛罗伦萨圣玛丽亚小教堂的处理手法。正门上面分层檐部和山花做成重叠的弧形和三角形，大门两侧采用了倚柱和扁壁柱。立面上部两侧做了两对大涡卷。这些处理手法别开生面，后来被广泛仿效。

2. 圣卡罗教堂

（罗马）圣卡罗教堂建筑立面的平面轮廓为波浪形，中间隆起，基本构成方式是将文艺复兴风格的古典柱式，即柱、檐壁和额墙在平面上和外轮廓上曲线化，同时添加一些经过变形的建筑元素，如变形的窗、壁龛和椭圆形的圆盘等（见图 2.1-14）。教堂的室内大堂为龟甲形平面，坐落在垂拱上的穹顶为椭圆形，顶部正中有采光窗，穹顶内面上有六边形、八边形和十字形格子，具有很强的立体效果。室内的其他空间也同样在形状和装饰上有很强的流动感和立体感。

◎ 图 2.1-14　圣卡罗教堂

3. 圣彼得广场

圣彼得广场是集中了各个时代精华的广场，可容纳 50 万人，位于梵蒂冈的最东面，因广场正面的圣彼得教堂而出名，是罗马教廷举

> 洛可可建筑风格是在巴洛克建筑风格的基础上发展起来的，主要表现在室内装饰上。其基本特点是纤弱娇媚、华丽精巧、甜腻温柔、纷繁琐细。

行大型宗教活动的地方（见图2.1-15）。广场的建设工程用了11年的时间（1656—1667年），由世界著名建筑大师贝尔尼尼亲自监督工程的建设。广场周围有4列共284根多利安柱式的圆柱，圆柱上面是140个圣人像，中央是一根公元40年从埃及运来的巨大的圆柱。

◎ 图2.1-15 圣彼得广场

2.1.6 洛可可建筑

洛可可建筑以欧洲封建贵族文化的衰败为背景，表现了没落贵族阶层颓丧、浮华的审美理想和思想情绪。他们受不了古典主义的严肃理性和巴洛克的喧嚣放肆，追求华美和闲适。洛可可一词由法语Rocaille演化而来，原意为建筑装饰中一种贝壳形图案。洛可可风格最初出现于建筑的室内装饰，之后扩展到绘画、雕刻、工艺品、音乐和文学领域。

洛可可建筑风格于18世纪20年代产生于法国并流行于欧洲，是在巴洛克建筑风格的基础上发展起来的，主要表现在室内装饰上。洛可可建筑的风格特点是纤弱娇媚、华丽精巧、甜腻温柔、纷繁琐细。

洛可可建筑装饰的具体表现是：细腻柔媚，常常采用不对称手法，喜欢用弧线和S形线，尤其爱用贝壳、旋涡纹样、山石作为装饰题材，卷草舒花，缠绵盘曲，连成一体。天花和墙面有时以弧面相连，转角处布置壁画。为了模仿自然形态，室内建筑部件也往往做成不对称形状，变化万千，但有时流于矫揉造作。室内墙面粉刷，爱用嫩绿、粉红、玫瑰红等鲜艳的色调，线脚大多用金色。室内护壁板有时用木板，有时做成精致的框格，框内四周有一圈花边，中间常衬以浅色东方织锦。

洛可可建筑的风格特点是：室内应用明快的色彩和纤巧的装饰，家具也非常精致甚至偏于繁杂，不像巴洛克风格那样色彩强烈、装饰浓艳。德国南部和奥地利洛可可建筑的内部空间显得非常复杂。洛可可建筑的代表有巴黎苏俾士府邸公主沙龙（见图2.1-16）、凡尔赛宫的王后居室（见图2.1-17）、丹麦皇宫阿美琳堡（见图2.1-18）等。

◎ 图2.1-16　巴黎苏俾士府邸公主沙龙

◎ 图2.1-17　凡尔赛宫的王后居室

◎ 图2.1-18　丹麦皇宫阿美琳堡

> 古典主义者在建筑设计中以古典柱式为构图基础，突出轴线，强调对称，注重比例，讲究主从关系。

2.2 西方近现代建筑史的重要构成

2.2.1 古典主义建筑

17世纪下半叶，法国文化艺术的主导潮流是古典主义。古典主义美学的哲学基础是唯理论，认为艺术需要有严格的像数学一样明确清晰的规则和规范。同在文学、绘画、戏剧等艺术门类中的情况一样，在建筑中也形成了古典主义建筑理论。法国古典主义理论家 J.F. 布隆代尔说"美产生于度量和比例"。他认为意大利文艺复兴时期的建筑师通过测绘研究古希腊、古罗马建筑遗迹得出的建筑法式是永恒的金科玉律。他还说"古典柱式给予其他一切以度量规则"。古典主义者在建筑设计中以古典柱式为构图基础，突出轴线，强调对称，注重比例，讲究主从关系。巴黎卢浮宫东立面的设计突出地体现了古典主义建筑的原则，凡尔赛宫也是古典主义建筑的代表作。

古典主义建筑风格以法国为中心，向欧洲其他国家传播，后来又影响到世界广大地区，在宫廷建筑、纪念性建筑和大型公共建筑中采用得更多，而且18世纪60年代到19世纪又出现了古典复兴建筑的潮流。世界各地许多古典主义建筑作品至今仍然受到赞美，但古典主义不是万能的，更不是永恒的。19世纪末和20世纪初，随着社会条件的变化和建筑自身的发展，拥有完整建筑体系的古典主义终于逐渐为其他建筑潮流所替代，但是古典主义建筑作为一项重要的建筑文化遗产，建筑师们仍然在汲取其中有用的元素，用于现代建筑之中。

古典主义建筑的代表作品如下：

维康府邸（Chateau Vaux-le-Vicomte，1656—1660年），勒伏（Louis Le Vau），早期古典主义代表；

卢浮宫东立面（East elevation of the Louvre，1667—1670年），佩劳（Claude Perrault）& 勒伏，盛期古典主义代表；

凡尔赛宫（Palais de Versailles，1661—1756年），勒伏 & 孟莎（J.H. Mansart）等；

巴黎残废军人新教堂（Church of the Invalides，1680—1691年），孟莎。

1）卢浮宫东立面（见图2.2-1）

◎ 图2.2-1 卢浮宫东立面

卢浮宫东立面全长约172m、高28m，上下照一个完整的柱式分作三部分：底层是基座，中段是两层高的巨柱式柱子，上面是檐部和女儿墙。主体是由双柱形成的空柱廊，简洁洗练，层次丰富。中央和两端各有凸出部分，将立面分为五段。两端的凸出部分用壁柱装饰，而中央部分用椅柱，有山花，因而主轴线很明确。立面前有一道护壕保卫着，在大门前架着桥。左右分五段，上下分三段，都以中央一段为主的立面构图，在卢浮宫东立面得到了第一个最明确、最和谐的成果。它的总体是单纯简洁的，法国传统的高坡屋顶被意大利式的平屋顶代替了，加强了几何性，从此成了惯例。

卢浮宫东立面的设计体现了古典建筑设计的理论：批判巴洛克建筑，崇尚简洁、和谐、合理以及比例美；尊奉柱式建筑为尊贵，鄙薄非柱式建筑为低俗；突出轴线，讲究陪衬，强化封建等级制的政治观念。

2）凡尔赛宫（见图2.2-2）

凡尔赛宫为古典主义风格建筑，采用标准的古典主义三段式立面，即将立面划分为纵、横三段，建筑左右对称，造型轮廓整齐、庄重雄伟，被称为是理性美的代表。其内部装潢则以巴洛克风格为主，少数厅堂为洛可可风格。

◎ 图2.2-2　凡尔赛宫

正宫前面是一座风格独特的"法兰西式"的大花园，园内树木花草别具匠心，使人看后顿觉美不胜收。它与中国古典的皇家园林有着截然不同的风格，完全是人工雕琢的，极其讲究对称和几何图形化。凡尔赛宫的内部陈设及装潢就更富于艺术魅力了，室内装饰极其豪华富丽是凡尔赛宫的一大特色。500余间大殿小厅处处金碧辉煌，豪华非凡；内壁装饰以雕刻、巨幅油画及挂毯为主，配有17、18世纪造型超绝、工艺精湛的家具。

凡尔赛宫的整个修建过程动用了3000名建筑工人、6000匹马，修建持续了整整47年之久。凡尔赛宫的建筑风格引起当时俄国、奥

> 新古典主义艺术形象的创造崇尚古希腊的理想美；注重古典艺术形式的完整、雕刻般的造型，追求典雅、庄重、和谐，同时坚持严格的素描和明朗的轮廓，极力减弱绘画的色彩要素。

地利等国君主的羡慕并仿效。彼得一世在圣彼得堡郊外修建的夏宫、玛丽亚·特蕾西亚在维也纳修建的美泉宫、腓特烈二世和腓特烈·威廉二世在波茨坦修建的无忧宫，以及巴伐利亚国王路德维希二世修建的海伦希姆湖宫（Schloss Herrenchiemsee）都仿照了凡尔赛宫的宫殿和花园。

2.2.2 新古典主义建筑

所谓"新古典主义"，首先是遵循唯理主义观点，认为艺术必须从理性出发，排斥艺术家主观思想感情，尤其是在社会和个人利益冲突面前，个人要克制自己的感情，服从理智和法律，倡导公民的完美道德就是牺牲自己，为祖国尽责。新古典主义建筑艺术形象的创造崇尚古希腊的理想美；注重古典艺术形式的完整、雕刻般的造型，追求典雅、庄重、和谐，同时坚持严格的素描和明朗的轮廓，极力减弱绘画的色彩要素。

法国在18世纪末、19世纪初是欧洲新古典建筑活动的中心。法国大革命时期，在巴黎兴建的万神庙是典型的古典式建筑。拿破仑时期，巴黎兴建了许多纪念性建筑，其中雄师凯旋门、马德兰教堂等都是古罗马建筑式样的翻版。英国以复兴古希腊建筑形式为主，如伦敦的不列颠博物馆。德国柏林的勃兰登堡门、柏林宫廷剧院都是复兴古希腊建筑形式的。其中，勃兰登堡门仿照雅典卫城的山门建成。美国独立以前，建筑造型多采用欧洲样式。独立后，美国借助希腊、罗马的古典建筑形式来表现民主、自由、光荣和独立，因而新古典建筑大兴。美国国会大厦仿照巴黎万神庙建成，极力表现雄伟，强调纪念性。

1. 类型

1）抽象古典主义

抽象古典主义以简化的方法，或者说用写意的方法，把抽象出来的古典建筑元素或符号巧妙地融入建筑中，使古典的雅致和现代的简洁得到完美的体现。代表作品是美国密歇根州会议大厦（见图2.2-3）。

2）具象或折衷古典主义

具象古典主义则不同，既不是考据式的教条古典主义，也不是雅马萨基式的写意古典主义。在这类建筑中，建筑师可以

◎ 图 2.2-3　美国密西根州议会大厦

充分表现自己浓厚的古典文化情趣和深厚的古典建筑功力。换句话说，可以采用地道的古典建筑细部，但绝不停留于亦步亦趋的模仿与抄袭。取精用宏，博采众长，色彩艳丽，装饰性强，是这类建筑的主要特点。具象古典主义与抽象古典主义的写意性不同，它具有工笔画的特点，比抽象古典主义更细致、更精美、更富丽、更庄重、更富有历史感。但是，在这个没有英雄、没有权威的时代，任何将某一时代的建筑类型定于一尊的企图，都不可能有立锥之地。虽然相对于抽象古典主义来说，具象古典主义更尊重它所模仿或隐喻的古典原型，但它们在采用古典细部时，一般都比较随意，而且可以在一幢建筑中引用多种历史风格。

2. 风格特点

1）古典元素抽象化

把古典元素抽象为符号，在建筑中既可作为装饰，又起到隐喻的

效果。如菲利普·约翰逊、格雷夫斯和雅马萨基的一些作品，其古典的柱式、拱券乃至山花和线脚，在很大程度上是在历史与现实、建筑与环境之间建立一种文脉上的勾连，并产生修辞效果（见图 2.2-4）。

◎ 图 2.2-4　菲利普的阿蒙·卡特西方艺术博物馆

2）艳丽而丰富

艳丽而丰富的色彩应用，如格雷夫斯的波特兰市政厅（见图 2.2-5），摩尔的游泳池与桑拿浴室更衣室，约翰·洛奇的纽黑文狄克斯威尔消防站，约翰·洛奇与斯科特·布朗的 BASCO 超级市场和 BEST 超级市场等作品，通过色彩的巧妙对比，创造美妙的画境效果。尤其是约翰·洛奇等设计的 BASCO 超级市场和 BEST 超级市场（见图 2.2-6），或以体形巨大、色彩艳丽的字母装饰店面，或以巨大的梅花图案装饰墙体，不避雅俗，构思大胆，充分显示了"要素混杂"的美。

◎ 图 2.2-5　波特兰市政厅

◎ 图 2.2-6　BEST 超级市场

3）粗细与雅俗

粗细与雅俗即粗与细、雅与俗的对比。在许多新古典主义建筑师的作品中，我们可以很明显地看到，一方面是高雅精致的细部，另一方面是原始粗犷的浑朴，两种对比鲜明的风格既互相对抗，又互相统一。如斯特恩的一些作品，为我们提供了浑朴与典雅完美结合的范例。

3. 典型代表

1）艾斯特剧院（见图2.2-7）

艾斯特剧院是布拉格第一座新古典主义建筑，正面三角形的山墙及两对圆柱，流露出古希腊的建筑风格。1783年，剧院因莫扎特来访而轰动一时，也因此现在在布拉格仍有莫扎特创作的歌剧、木偶剧、黑光剧、传统戏剧上演。

◎ 图2.2-7　艾斯特剧院

2）勃兰登堡门（见图2.2-8）

勃兰登堡门是柏林永恒的象征，设计者的初衷是希望它能成为通向和平之门。勃兰登堡门位于柏林市中心菩提树下大街和六月十七日大街的交汇处，是柏林市区著名的游览胜地和德国统一的象征。

◎ 图2.2-8　勃兰登堡门

3）圣彼得堡海军部大楼（见图2.2-9）

俄罗斯新古典主义建筑的典范——安德里安·扎哈罗夫设计的海军部大楼（1823年）被建为城市的中心。海军部大楼长约400m，全楼横向划分为三个区域，每个区域又做三段划分。该大楼居高临下俯视着彼得大帝的船坞，其尖顶上的护卫舰形状的风标已成为这座城市的标志。

◎ 图2.2-9　圣彼得堡海军部大楼

4）上海汇丰银行大楼（见图2.2-10）

汇丰银行于1864年创设于香港，1865年在上海设分行，1874年于外滩现址建屋。原楼共三层，砖木结构，1888年曾局部改建，是一座局部带有巴洛克风格的文艺复兴式的建筑。1921年拆除旧屋建新楼，即现有大楼。大楼外立面采用严谨的新古典主义手法建造。全楼横向五段划分，中部有贯穿2、3、4层的仿古罗马克林斯式双柱。竖向划分亦按古罗马柱式比例处理。顶部穹顶使人联想起古罗马的万神庙。外墙面石砌，入口处有铜狮一对。营业厅内有拱形玻璃天棚和意大利大理石雕琢的爱奥尼式柱廊。

◎ 图2.2-10　上海汇丰银行大楼

> 浪漫主义在要求张扬个性自由、提倡自然天性的同时，用中世纪手工业艺术的自然形式来反对资本主义制度下用机器制造出来的工艺品，并以前者来和古典艺术抗衡。

2.2.3 浪漫主义建筑

浪漫主义建筑是18世纪下半叶到19世纪下半叶，欧美一些国家在文学艺术中的浪漫主义思潮影响下流行的一种建筑风格。浪漫主义在要求张扬个性自由、提倡自然天性的同时，用中世纪手工业艺术的自然形式来反对资本主义制度下用机器制造出来的工艺品，并以前者来和古典艺术抗衡。浪漫主义是建筑三种复古思潮（古典主义建筑、浪漫主义建筑、折衷主义建筑）之一。19世纪30-70年代，是浪漫主义建筑真正成为一种创作潮流的时期。由于追求中世纪的哥特式建筑风格，因此这一阶段的浪漫主义建筑又称为哥特复兴建筑。

浪漫主义建筑主要限于教堂、大学、市政厅等中世纪就有的建筑类型。它在各个国家的发展不尽相同。大体说来，在英国、德国流行较早较广，而在法国、意大利则不太流行。

美国建筑步欧洲建筑的后尘，浪漫主义一度流行，尤其是在大学校舍和教堂等建筑中。耶鲁大学的老校舍就带有欧洲中世纪城堡式的哥特建筑风格，它的法学院大楼和校图书馆是典型的哥特复兴建筑。

浪漫主义建筑的代表作品有英国国会大厦威斯敏斯特宫、圣吉尔斯教堂等。

1）英国国会大厦威斯敏斯特宫

位于伦敦泰晤士河西岸的威斯敏斯特宫（见图2.2-11），是英国国会上下两院的所在地，

◎ 图2.2-11 威斯敏斯特宫

又被称为国会大厦。威斯敏斯特宫始建于 750 年，占地 8 英亩（约 32375 平方米），气势雄伟，外貌典雅，是世界上最大的哥特式建筑物。它原为英国的王宫，11—16 世纪英国历代国王都居住在这里。1987 年其被列为世界文化遗产。

威斯敏斯特宫是英国浪漫主义建筑的代表作品，也是大型公共建筑中第一个哥特复兴杰作，是当时整个浪漫主义建筑兴盛时期的标志。从威斯敏斯特桥或泰晤士河对岸观赏，其鬼斧神工之势令人赞叹不已。

2）圣吉尔斯教堂

圣吉尔斯教堂（St. Giles' Cathedral，见图 2.2-12）原建于 1120 年，是爱丁堡最高等级的教堂，它的塔像一顶皇冠，令人印象深刻。教堂内有一座 20 世纪增建的苏格兰骑士团的礼拜堂，新歌特式的天花板与饰壁上的雕刻都极为精美华丽。

◎ 图 2.2-12　圣吉尔斯教堂

2.2.4　折衷主义建筑

随着社会的发展，需要有丰富多样的建筑来满足各种不同的要求。在 19 世纪，交通的便利、考古学的进展、出版事业的发达，以及摄影技术的发明，都有助于人们认识和掌握以往各个时代和各个地区的建筑遗产。于是出现了希腊、罗马、拜占庭、中世纪、文艺复兴和东方情调的建筑在许多城市中纷然杂陈的局面。

> 折衷主义任意选择与模仿历史上各种建筑风格，把它们自由组合成各种建筑形式，没有固定的风格，语言混杂，但讲求比例均衡，注重纯形式美。

折衷主义建筑是19世纪上半叶至20世纪初，在欧美一些国家流行的一种建筑风格。折衷主义越过古典主义与浪漫主义在建筑创作中的局限性，任意选择与模仿历史上各种建筑风格，把它们自由组合成各种建筑形式，故有"集仿主义"之称。没有固定的风格，语言混杂，但讲求比例均衡，注重纯形式美。

折衷主义建筑在19世纪中叶以法国最为典型，巴黎高等艺术学院是当时传播折衷主义艺术的中心，而在19世纪末和20世纪初期，则以美国最为突出。总的来说，折衷主义建筑思潮依然是保守的，没有按照当时不断出现的新建筑材料和新建筑技术去创造与之相适应的新建筑形式。

折衷主义建筑的代表作有巴黎歌剧院、罗马的伊曼纽尔二世纪念建筑以及巴黎的圣心教堂等。

（1）巴黎歌剧院是法兰西第二帝国的重要纪念物，剧院立面仿意大利晚期巴洛克建筑风格，并掺进了繁复的雕饰，它对欧洲各国建筑均有很大影响（见图2.2-13）。

◎ 图2.2-13 巴黎歌剧院

> 现代主义建筑主张建筑师要摆脱传统建筑形式的束缚，大胆创造适应工业化社会条件和要求的崭新建筑，因此具有鲜明的理性主义和激进主义的色彩，又称为现代派建筑。

（2）罗马的伊曼纽尔二世纪念建筑是为纪念意大利重新统一而建造的，它采用了科林斯柱廊和古希腊晚期的祭坛形制（见图2.2-14）。

（3）巴黎的圣心教堂高耸的穹顶和厚实的墙身呈现拜占庭式建筑的风格，兼取罗马式建筑的表现手法（见图2.2-15）。

◎ 图2.2-14　伊曼纽尔二世纪念建筑

◎ 图2.2-15　圣心教堂

2.2.5　现代主义建筑

现代主义建筑是指20世纪中叶在西方建筑界居主导地位的一种建筑思想，主张建筑师要摆脱传统建筑形式的束缚，大胆创造适应工业化社会条件和要求的崭新建筑，因此具有鲜明的理性主义和激进主义的色彩，又称为现代派建筑。在英语文献中，现代主义建筑用大写字母开头的 Modern Architecture 表示，而用小写字母开头的 modern architecture（现代建筑）表示"现代"这个时间范围的建筑。

现代主义建筑思潮产生于19世纪后期，成熟于20世纪20年代，在20世纪50—60年代风行全世界。从20世纪60年代起有人认为

> 新艺术运动主张创造一种不同以往的、能适应工业时代要求的简化装饰，反对传统纹样。其装饰主题是模仿自然界生长的草木而形成的线条，并大量使用曲线的铁艺，创造出了一种能适应工业时代要求的简化装饰。

现代主义建筑已经过时，有人认为现代主义建筑基本原则仍然正确，但需修正补充。20世纪70年代以来，有的文献在提到现代主义建筑时，还是会冠以"20年代"或"正统"字样。

1. 工艺美术运动

工艺美术运动是19世纪下半叶起源于英国的一场设计改良运动。工艺美术运动对芝加哥建筑学派有较大影响，其代表性建筑是红屋（见图2.2-16）。红屋位于英国伦敦郊区肯特郡的郊外，由威廉·莫里斯和菲利普·韦伯合作设计，是工艺美术运动时期的代表性建筑。红屋的红砖表面没有任何装饰，极具田园风格，是19世纪下半叶最有影响力的建筑之一。红屋是英国哥特式建筑和传统乡村建筑的完美结合，摆脱了维多利亚时期繁复的建筑特点，首要考虑功能性需求，自然、简朴、实用。

◎ 图2.2-16 红屋

2. 新艺术运动

新艺术运动主张创造一种不同以往的、能适应工业时代要求的简化装饰，反对传统纹样。其装饰主题是模仿自然界生长的草木而形成的线条，并大量使用曲线的铁艺，创造出了一种能适应工业时代要求的简化装饰。新艺术运动的代表性建筑有霍塔旅馆（见图 2.2-17）。霍塔旅馆打破了古典主义的束缚，利用钢铁作为建筑材料，外观装饰上布满曲折的线条，色彩也比较协调柔和，空间通畅开放，与传统封闭的空间截然不同。

◎ 图 2.2-17　霍塔旅馆的外观和内部装饰

3. 德国工业同盟

德国工业同盟全称是"德意志工业同盟"，1907 年在德国倡议成立。该工业同盟是世界上第一个官办的设计促进中心，在德国有着举足轻重的地位。德国工业同盟旨在提高产品的质量，公开追求商业目的。它奠定了德国产品重视质量的传统，是德国现代设计的开端。其代表性建筑有德国通用电气公司透平机车间（见图 2.2-18），由贝伦斯设计，是工业界与建筑师合作提高设计质量的一个成果，也是现代建筑史上的一个重要作品。

◎ 图 2.2-18　德国通用电气公司透平机车间

透平机（即涡轮机）工厂的主要车间位于街道转角处，主跨采用大型门式钢架，钢架顶部呈多边形，侧柱自上而下逐渐收缩到地面上。

在沿街立面上,钢柱与铰接点坦然暴露出来,柱间为大面积的玻璃窗,把外立面划分成简单的方格。屋顶上开有玻璃天窗,使车间有良好的采光和通风。外观体现工厂车间的性格。在街道转角处的车间端头,贝伦斯做了特别的处理,厂房角部加上砖石砌筑的角墩,墙体稍向后仰,并有"链墩式"的凹槽,显示敦厚稳固的形象,上部是弓形山墙,中间是大玻璃窗,这些处理给这座车间建筑加上了古典的纪念性的品格。

4. 包豪斯学院

1919年创办的包豪斯学院是德国的一所设计学校,也是世界上第一所完全为发展设计教育而建立的学院。1919年,德国建筑师格罗皮乌斯担任包豪斯学院校长,在他的主持下,包豪斯学院在20世纪20年代成为欧洲最激进的艺术和建筑中心之一,推动了建筑革新运动。德国建筑师密斯·凡·德·罗也在20世纪20年代初发表了一系列文章,阐述新观点,用示意图展示未来建筑的风貌。20世纪20年代中期,格罗皮乌斯、勒·柯布西耶、密斯·凡·德·罗等人设计和建造了一些具有新风格的建筑。其中影响较大的有格罗皮乌斯的包豪斯学院校舍,勒·柯布西耶的萨伏伊别墅、巴黎瑞士学生宿舍和他的日内瓦国际联盟大厦设计方案,密斯·凡·德·罗的巴塞罗那博览会德国馆等。在这三位建筑师的影响下,在20世纪20年代后期,欧洲的一些年轻建筑师,如芬兰建筑师阿尔托也设计出一些优秀的新型建筑。

(1)包豪斯学院校舍(见图2.2-19)由包豪斯的创始人格罗皮乌斯于1925年设计。包

◎ 图2.2-19　包豪斯学院校舍

豪斯学院校舍的形体与空间布局自由，不仅按功能分区，而且按使用关系相互连接，是一个多轴线、多入口、多体量、多立面的建筑；按照各部分不同的功能选择不同的结构形式，极力推崇新材料，反对多余的装饰，采用钢筋混凝土的楼板和承重砖墙的混合结构，是功能要求与形式完美统一的经典之作。

（2）萨伏伊别墅（见图2.2-20）在建筑设计上主要有九个特点，如图2.2-21所示。

◎ 图2.2-20　萨伏伊别墅

1	模数化设计，这是勒·柯布西耶研究数学、建筑和人体比例的成果。现在这种设计方法被广泛应用
2	相对于之前人们常常使用的烦琐复杂的装饰方式而言，其装饰可以说是非常的简单
3	纯粹的用色，建筑的外部装饰完全采用白色，这是一个代表新鲜、纯粹、简单和健康的颜色
4	开放式的室内空间设计
5	专门对家具进行设计和制作
6	动态的、非传统的空间组织形式，尤其使用螺旋形的楼梯和坡道来组织空间
7	屋顶花园的设计，使用绘画和雕塑的表现技巧
8	车库的设计，特殊的组织交通流线的方法，使得车库和建筑完美结合，使汽车易于停放且不会使车流和人流交叉
9	勒·柯布西耶常用的雕塑化的设计手法

◎ 图2.2-21　萨伏伊别墅的九个特点

（3）巴黎瑞士学生宿舍整栋建筑建立在一排巨大的柱子上，主体部分为长方体形，其中一面由玻璃幕墙构成，另一面则谨慎地接续了以粗石砌成的具有曲线外墙的楼梯间。由立方体构成的主体建筑前方、楼梯间、入口门厅和服务空间较低矮的外墙则被塑造成波状墙面。这种配置手法不仅给建筑带来了"肖像画"的效果，更在静态的主体建筑前带来了一种运动扩张的表现。入口门厅的内部空间也由于墙面的波状形态产生令人印象深刻的动态效果（见图2.2-22）。

◎ 图2.2-22　巴黎瑞士学生宿舍流动的空间

学生们居住在沿南侧走廊而建的房间中，光和景观透过玻璃幕墙进入房间。不过因为这种外墙无法产生最理想的内部环境，不久其上便增加了一些遮蔽装饰，增强了玻璃幕墙存在的合理性。走廊的北侧墙面是在石砌的基体上布置了钻满小孔的小"窗户"（见图2.2-23）。

（4）巴塞罗那博览会德国馆（见图2.2-24）。密斯·凡·德·罗认为，当代博览会馆设计不应再有富丽堂皇的设计思想，应该跨进文化领域的哲学园地，建筑本身就是展品的主体。密斯·凡·德·罗在这里实现了他的技术与文化融合的理想。在他看来，建筑最佳的处理方法就是直接切入建筑的本质——空间、构造、模数和形态。

◎ 图2.2-23　巴黎瑞士学生宿舍钻满小孔的石砌外墙

 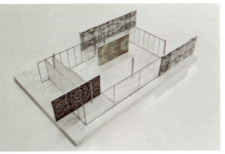

◎ 图 2.2-24　巴塞罗那博览会德国馆

巴塞罗那博览会德国馆建立在一个基座之上，主厅有八根金属柱子，上面是薄薄的一片屋顶。大理石和玻璃构成的墙板也是简单光洁的薄片，它们纵横交错，布置灵活，形成既分割又连通、既简单又复杂的空间序列；室内室外也互相穿插贯通，没有截然的分界，形成奇妙的流通空间。整个建筑中没有附加的雕刻装饰，然而对建筑材料的颜色、纹理、质地的选择却十分精细，且搭配异常考究，比例协调，使整个建筑物显出高贵、雅致、生动、鲜亮的品质，向人们展示了历史上前所未有的建筑艺术质量。展馆对 20 世纪建筑艺术风格产生了广泛影响，同时也使密斯·凡·德·罗成为当时世界上最受注目的现代建筑师。

德国馆在建筑空间划分和建筑形式的处理上创造了成功的新经验，充分体现了设计师密斯·凡·德·罗的名言"少就是多"，用新的材料和施工方法创造出丰富的艺术效果。

5. 现代主义建筑的特点

从格罗皮乌斯、勒·柯布西耶、密斯·凡·德·罗等人的言论和实际作品中，可以看出他们提倡的现代主义建筑的一些基本观点。

（1）强调建筑要随时代而发展，现代建筑应同工业化社会相适应。

（2）强调建筑师要研究和解决建筑的实用功能和经济问题。

（3）主张积极采用新材料、新结构，在建筑设计中发挥新材料、新结构的特性。

（4）主张坚决摆脱过时的建筑样式的束缚，放手创造新的建筑风格。

（5）主张发展新的建筑美学。

现代主义建筑思想先是在以实用为主的建筑类型，如工厂厂房、中小学校校舍、医院建筑、图书馆建筑，以及大量建造的住宅建筑中得到推行；到了20世纪50年代，在纪念性和国家性的建筑中，也得到实现，如图2.2-25所示的联合国总部大厦。联合国总部大厦的大厅内墙为曲面，屋顶为悬索结构，上覆穹顶。南面为39层的联合国秘书处大楼，是早期板式高层建筑之一，也是最早采用玻璃幕墙的建筑。前后立面都采用铝合金框格的暗绿色吸热玻璃幕墙，钢框架挑出90cm，两端山墙用白大理石贴面。大楼体形简洁，色彩明快，质感对比强烈。

◎ 图2.2-25　联合国总部大厦

现代主义思潮到了20世纪中叶在世界建筑潮流中占据主导地位。

现代主义建筑四位大师，除了格罗皮乌斯、勒·柯布西耶、密斯·凡·德·罗外，还有美国的弗兰克·劳埃德·赖特，代表作是流水别墅（见图2.2-26）。流水别墅是现代主义建筑的杰作之一，它位于美国匹兹堡市郊区的熊溪河畔。别墅的室内空间处理也堪称典范，

> 后现代主义是对现代主义和国际主义的一种批判性发展，主张用装饰手法来满足人们的视觉感受和精神需要，注重设计形式的变化和设计中的文化，以及建筑语言所具有的内涵，如"隐喻""象征""多义"等。

室内空间自由延伸，相互穿插；内外空间互相交融，浑然一体。流水别墅在空间的处理、体量的组合及与环境的结合上均取得了极大的成功，为有机建筑理论做了确切的注释，在现代建筑历史上占有重要地位。

◎ 图 2.2-26　流水别墅

2.2.6　后现代主义建筑

1. 后现代主义

后现代主义是对现代主义和国际主义的一种批判性发展，主张用装饰手法来满足人们的视觉感受和精神需要，注重设计形式的变化和设计中的文化，以及建筑语言所具有的内涵，如"隐喻""象征""多义"等。

最早提出后现代主义看法的是美国建筑家罗伯特·文丘里（Robert Venturi）。他在大学时代就挑战密斯·凡·德·罗的"少就是多"（less is more）的原则，提出"少则厌烦"（less is a bore）的看法，主张用历史建筑元素和美国的通俗文化来赋予现代建筑以审美性和娱乐性。他在早期的著作《建筑的复杂性和矛盾性》中提出后现代主义的理论原则，在《向拉斯维加斯学习》（learning from Las Vegas）中进一步强调了后现代主义戏谑的成分，以及对美国通俗文化的新态度。

美国建筑家罗伯特·斯特恩（Robert Stern）从理论上对后现代主义建筑思想加以整理，形成了一个完整的思想体系。在他的《现代古典主义》（*Modern Classicism*）一书中完整归纳了后现代主义建筑的理论依据及可能的发展方向和类型，是后现代主义建筑的重要奠基理论著作。

美国作家和建筑家查尔斯·詹克斯（Charles Jencks）继续罗伯特·斯特恩的理论总结工作，在短短几年中出版了一系列著作，其中包括《现代建筑运动》《今日建筑》《后现代主义》等，逐步总结了后现代主义建筑思潮和理论系统，促进了后现代主义建筑的发展。

美国建筑师阿德里安·史密斯被认为是美国后现代主义建筑师中的佼佼者。他设计的塔斯坎和劳伦仙住宅包括两幢小住宅，一幢采用西班牙式，另一幢部分采用古典形式，即在门面上不对称地贴附三根橘黄色的古典柱式。

1980年，威尼斯双年艺术节建筑展览会被认为是后现代主义建筑的世界性展览。展览会设在意大利威尼斯一座16世纪遗留下来的兵工厂内，从世界各国邀请20位建筑师各自设计一座临时性的建筑门面，在厂房内形成一条70米长的街道。展览会的主题是"历史的呈现"。

被邀请的建筑师有美国的文丘里、巴穆尔、斯特恩、格雷夫斯、史密斯，日本的矶崎新，意大利的波尔托盖西，西班牙的博菲尔等。这些后现代派或准后现代派的建筑师，将历史上的建筑形式的片段，各自按非传统的方式表现在自己的作品中。

人们对后现代主义的看法存在分歧，又往往与对现代主义建筑的看法相关。部分人认为现代主义只重视功能、技术和经济的影响，忽视和切断新建筑和传统建筑的联系，因而不能满足一般群众对建筑的要求。他们特别指责与现代主义相联系的国际式建筑同各民族、各地区的原有建筑文化不能协调，破坏了原有的建筑环境。

此外，经过20世纪70年代的能源危机，许多人认为现代主义建筑并不比传统建筑经济实惠，需要改变对传统建筑的态度。也有人认为现代主义反映产业革命和工业化时期的要求，而一些发达国家已经越过那个时期，因而现代主义不再适合新的情况。持上述观点的人寄希望于后现代主义。

反对后现代主义的人则认为，现代主义建筑会随时代发展，不应否定现代主义的基本原则。他们认为，现代主义把建筑设计和建筑艺术创作同社会物质生产条件结合起来是正确的，主张建筑师关心社会问题也是应该的。相反，后现代主义者所关心的主要是装饰、象征、隐喻传统、历史，而忽视许多实际问题。在形式问题上，后现代主义者搞的是新的折衷主义和手法主义，是表面的东西。因此，反对后现代主义的人认为，现代主义是一次全面的建筑思想革命，而后现代主义不过是建筑中的一种流行款式，不可能长久，两者的社会历史意义不能相提并论。

也有人认为，后现代主义者指出现代主义的缺点是有道理的，但开出的"药方"并不可取。他们认为后现代主义者迄今拿出的实际作品，就形式而言，拙劣平庸，难登大雅之堂。还有人认为，后现代主义者并没有提出什么严肃认真的理论，但他们在建筑形式方面突破了常规，他们的作品有启发性。

后现代主义的代表性建筑有美国新奥尔良市的意大利广场和悉尼歌剧院。

（1）新奥尔良市的意大利广场（见图2.2-27）是美国后现代主

◎ 图 2.2-27　新奥尔良市的意大利广场

义建筑设计的代表性作品之一，由查尔斯·穆尔设计。美国新奥尔良市是意大利移民比较集中的城市，整个广场以地图模型中的西西里岛为中心，铺地材料也以同心圆的形状铺设。广场有两条通路与大街连接，一个进口处为拱门，另一处为凉亭，都与古罗马建筑相似。

（2）悉尼歌剧院（见图2.2-28）位于澳大利亚悉尼，由约翰·伍重设计。悉尼歌剧院不仅是20世纪最具特色的建筑之一，也是世界著名的表演艺术中心，目前已成为悉尼市的标志性建筑。

◎ 图2.2-28　悉尼歌剧院

2. 高科技风格

20世纪70年代以后，一些设计师和建筑师认为，现代科学技术突飞猛进，尖端技术不断进入人类的生活空间，应当树立一种与高科技相应的设计美学，于是出现了所谓的高科技风格。"高科技风格"这个术语也于1978年在祖安·克朗和苏珊·斯莱辛两人的专著《高科技》中率先出现。

高科技风格首先从建筑设计开始。英国建筑师理查·罗杰斯于1986年设计的位于伦敦的洛伊德保险公司大厦（见图2.2-29），就是高科技风格建筑的典型代表。

在工业产品设计中，高科技风格派喜欢用最新材料，

◎ 图2.2-29　洛伊德保险公司大厦

尤其是高强钢、硬铝或合金材料，以夸张、暴露的手法塑造产品形象，常常将产品内部的部件、机械组织暴露出来，有时又将复杂的部件涂上鲜艳的色彩，以表现高科技时代的"机械美""时代美""精确美"。如图 2.2-30 所示为意大利设计师马内奥·波特于 1984 年设计的金属椅子。

高科技风格的实质在于把现代主义设计中的技术因素提炼出来，加以夸张处理，形成一种符号效果，赋予工业结构、工业构造和机械部件一种新的美学价值和意义。其典型的建筑有法国的蓬皮杜中心（见图 2.2-31），它最大的特色就是外露的钢骨结构以及复杂的管线。由于一反巴黎的传统建筑风格，蓬皮杜中心兴建后许多巴黎市民无法接受，但也有文艺人士大力支持。蓬皮杜中心打破了文化建筑所应有的设计常规，突出强调现代科学技术同文化艺术的密切关系，是现代建筑中高科技风格最典型的代表作。

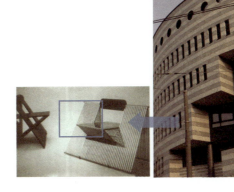

◎ 图 2.2-30　马内奥·波特设计的金属椅子

◎ 图 2.2-31　蓬皮杜中心

> 新现代主义建筑作品没有繁复的装饰，从结构上和细节上都遵循了现代主义的功能主义、理性主义基本原则，但是也赋予了它们象征主义的内容。

2.2.7　新现代主义建筑

从美国当代的建筑发展来看，应该说自从文丘里提出向现代主义挑战以来，设计上有两条发展的主要脉络，其中一条是后现代主义的探索，另一条则是对现代主义的重新研究和发展，它们基本上是并行发展的。第二条发展脉络，被称为"新现代主义"或"新现代设计"。虽然有不少设计师在20世纪70年代认为现代主义已经穷途末路了，认为国际主义风格充满了与时代不适应的成分，因此必须利用各种历史的、装饰的风格进行修正，从而引发了后现代主义运动，但是，有些设计师却依然坚持现代主义的传统，完全依照现代主义的基本语汇进行设计，他们根据新的需要给现代主义加入了新的简单形式的象征意义，但从总体来说，他们可以说是现代主义继续发展的结果。这种依然以理性主义、功能主义、减少主义方式进行设计的设计师，虽然人数不多，但是影响却很大。

在20世纪70年代继续从事现代主义设计的设计师以"纽约五人"为中心，另外还有其他几个独立从事这项工作的设计师，包括美籍华人建筑师贝聿铭、设计洛杉矶太平洋设计中心的佩利（Cesar Pelli）以及保尔·鲁道夫和爱德华·巴恩斯等。他们的设计已经不是简单的现代主义的重复，而是在现代主义基础上的发展。其中，贝聿铭设计的华盛顿国家艺术博物馆东馆、香港的中国银行大楼、得克萨斯州达拉斯的莫顿·迈耶逊交响乐中心和法国卢浮宫前的玻璃金字塔，都是非常典型的代表作品。这些作品没有繁复的装饰，从结构上和细节上都遵循了现代主义的功能主义、理性主义基本原则，但是也赋予了它们象征主义的内容。比如玻璃金字塔的金字塔结构本身，就不仅是功能的需要，而且具有历史性的、文明象征性的含义。又如西萨·佩利的洛杉矶太平洋设计中心，从整体来说，基本是现代主义的玻璃幕墙结构，但采用了绿色和蓝色的玻璃，使简单的功能主义建筑具有特殊的、通过非同一般的色彩而表达出的后现代象征。这种探索的方向，被称为"新现代主义"。

1. 华盛顿国家艺术博物馆东馆

华盛顿国家艺术博物馆东馆（见图 2.2-32）是美国国家美术馆（即西馆）的扩建部分，总建筑面积 56000 平方米，投资 9500 万美元，于 1978 年落成，包括展出艺术品的展览馆、视觉艺术研究中心和行政管理机构用房，由贝聿铭设计。东馆周围是重要的纪念性建筑，委托方又提出许多特殊要求，贝聿铭综合考虑了这些因素，妥善地解决了复杂而困难的设计问题，因而蜚声世界建筑界，并获得美国建筑师协会金质奖章。

◎ 图 2.2-32　华盛顿国家艺术博物馆东馆

"这座建筑物不仅是美国首都华盛顿和谐而周全的一部分，而且是公众生活与艺术之间日益增强联系的艺术象征。"当时的美国总统吉米·卡特如是说。

（1）华盛顿国家艺术博物馆东馆的布局见图 2.2-33。东馆位于一块 3.64 公顷的梯形地段上，东望国会大厦，南临林荫广场，北面斜靠宾夕法尼亚大道，西隔 100 余米正对西馆东翼。附近多是古典风格的重要公共建筑。贝聿铭用一条对角线把梯形分成两个三角形。西北部面积较大，是等腰三角形，底边朝西馆，以这部分做展览馆。三个角上突起断面为平行四边形的四棱柱体。东南部是直角三角形，为研究中心和行政管理机构用房。对角线上筑实墙，两部分只在第四层相通。这种划分使两大部分在体形上有明显的区别，但整个建筑又不失为一个整体。

 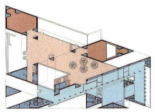

◎ 图 2.2-33　华盛顿国家艺术博物馆东馆的布局

（2）华盛顿国家艺术博物馆东馆的入口见图 2.2-34。展览馆和研究中心的入口都安排在西面一个长方形凹框中。展览馆入口宽阔醒目，它的中轴线在西馆的东西轴线的延长线上，加强了两者的联系。研究中心的入口偏处一隅，不引人注目。划分这两个入口的是一个棱边朝外的三棱柱体，浅浅的棱线，清晰的阴影，使两个入口既分又合，整个立面既对称又不完全对称。展览馆入口北侧有大型铜雕，无论就其位置、立意和形象来说，都与建筑紧密结合，相得益彰。

◎ 图 2.2-34　华盛顿国家艺术博物馆东馆的入口

（3）华盛顿国家艺术博物馆东馆的小广场见图2.2-35。东西馆之间的小广场铺花岗石地面，与南北两边的交通干道区分开来。广场中央布置喷泉、水幕，还有五个大小不一的三棱锥体，是建筑小品，也是广场地下餐厅借以采光的天窗。广场上的水幕、喷泉倾流而下，形成瀑布景色，

◎ 图2.2-35 华盛顿国家艺术博物馆东馆的小广场

日光倾泻，水声潺潺。观众沿地下通道自西馆来，可在此小憩，再乘自动步道到东馆大厅的底层。

（4）华盛顿国家艺术博物馆东馆展览馆的底层展厅见图2.2-36。展览馆馆长J.C.布朗认为欧美的一些美术馆过于庄严，类若神殿，使人望而生畏；还有一些美术馆过于崇尚空间的灵活性，大而无当，往往使人疲乏厌倦。因此，他要求东馆应该有一种亲切宜人的气氛和宾至如归的感觉。他还认为建筑应该有个中心，提

◎ 图2.2-36 华盛顿国家艺术博物馆东馆展览馆的底层展厅

供一种方向感。为此，贝聿铭把三角形大厅作为中心，展览室围绕它布置。观众通过楼梯、自动扶梯、平台和天桥出入各个展览室。透过大厅开敞部分还可以看到周围建筑，从而辨别方向。厅内布置树木、长椅，通道上也布置一些艺术品。大厅高25米，顶上是25个三棱锥组成的钢网架天窗。自然光经过天窗上一个个小遮阳镜折射、漫射之后，落在华丽的大理石墙面和天桥、平台上，非常柔和。天窗架下悬挂着美国雕塑家A.考尔德的动态雕塑。

2. 法国卢浮宫前的玻璃金字塔

当密特朗总理以国宾的礼遇将贝聿铭请到巴黎，为 300 多年前的古典主义经典作品卢浮宫设计新的扩建时，法国人对贝聿铭要在卢浮宫的院子里建造一个玻璃金字塔的设想，表现出空前的反对。当贝聿铭于 1984 年 1 月 23 日把金字塔方案当作"钻石"提交到历史古迹最高委员会时，得到的回答是：这巨大的破玩意只是一颗假钻石。当时 90% 的巴黎人反对建造玻璃金字塔。因此他不惜在卢浮宫前建造了一个足尺模型，邀请 6 万巴黎人前往参观投票表达意见。结果，奇迹发生了，大部分人转变了原先的文化习惯，同意了这个"为活人建造"的玻璃金字塔的设计。

贝聿铭设计建造的玻璃金字塔，高 21 米，底宽 30 米，耸立在庭院中央。它的四个侧面由 673 块菱形玻璃拼组而成。总平面面积约有 2000 平方米。塔身总重量为 200 吨，其中玻璃净重 105 吨，金属支架 95 吨。换言之，支架的负荷超过了自身的重量。因此行家们认为，这座玻璃金字塔不仅是体现现代艺术风格的佳作，也是运用现代科学技术的独特尝试。在这座大型玻璃金字塔的南北东三面还有三座 5 米高的玻璃金字塔做点缀，与七个三角形喷水池汇成平面和立体几何图形的奇特美景（见图 2.2-37）。人们不但不再指责他，而且称"卢浮宫院内飞来了一颗巨大的宝石"。

◎ 图 2.2-37　法国卢浮宫前的玻璃金字塔

> 解构主义尝试让建筑学远离现代主义的束紧规范,譬如"形式跟随功能""形式的纯度""材料的真我"和"结构的表达"。

2.2.8 解构主义建筑

一些解构主义建筑师受到法国哲学家雅克·德里达(Jacques Derrida)的文字和他解构的想法的影响。虽然这个影响的程度仍然受到怀疑;而其他人则被俄国构成主义运动中的几何学不平衡想法所影响。解构主义的全面尝试,就是让建筑学远离那些实习者所看见的现代主义的束紧规范,譬如"形式跟随功能""形式的纯度""材料的真我"和"结构的表达"。

在解构主义运动历史上的重要事件包括了1982年拉维列特公园(Parc de la Villette)的建筑设计竞争(特别是德里达和彼得·艾森曼的作品,柏纳德·楚米的方案胜出),1988年现代艺术博物馆的解构主义建筑展览(由菲利普·约翰逊和马克·威格利组织),还有1989年年初位于俄亥俄州哥伦布市的卫克斯那艺术中心(Wexner Center for the Arts,彼得·艾森曼作品)的设计。卫克斯那艺术中心(见图2.2-38)是一座公共建筑物,为了反映当地的历史,其有一些巨塔结构。灵感来自一个像古堡的兵工厂,中心的设计包含了用白色金属方格代表的鹰架,以表示未完成的感觉,带有一些解构主义建筑的味道。

解构主义是对正统原则、正统秩序的批判与否定。它从"结构主义"中演化而来,是对"结构主义"的破坏和分解。解构主义风格的特征是把完整的现代主义、结构主义建筑整体破碎处理,然后重新组合,形成破碎的空间和形态,具有很强的个人性、随意性表现特征的设计探索风格,是对正统的现代主义、国际主义原则和标准的否定和批判。其代表人物为弗兰克·盖里和彼得·艾森曼。

◎ 图 2.2-38　卫克斯那艺术中心

历经 16 年波折、耗资 2.74 亿美元修建的沃尔特·迪斯尼音乐厅（见图 2.2-39）于 2003 年在洛杉矶市中心正式落成时，其独特的外表引来的关注早已超过了音乐厅本身。弗兰克·盖里认为欣赏音乐是一种全感官体验，不应局限于音响效果，因此在设计时充分考虑了演奏大厅内的视觉效果、温度及对座椅的感觉等因素。在大厅设计上，弗兰克·盖里运用丰富的波浪线条设计天花板以营造出一个华丽的环形音乐殿堂。为使在不同位置的听众都能得到同样充分的音乐享受，音乐厅采纳了日本著名声学工程师永田穗的设计；厅内没有阳台式包厢，全部采用阶梯式环形座位，坐在任何位置都没有遮挡视线的感觉。音乐厅的另一设计亮点是，在舞台背后设计了一个 12 米高的巨型落

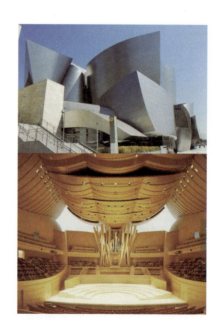

◎ 图 2.2-39　弗兰克·盖里设计的沃尔特·迪斯尼音乐厅

> 建构主义建筑特点：以长方形与三角楔形为主要构图元素，再配以其他形状，如正方形与圆形。

地窗供自然采光，白天的音乐会则如同在露天举行，窗外的行人过客也可驻足欣赏音乐厅内的演奏，室内室外融为一体，此一设计绝无仅有。

2.2.9 建构主义建筑

建构主义建筑是20世纪20年代和30年代初在苏联蓬勃发展的现代建筑形式。虽然它被分成了几个相互竞争的派系，但该建筑形式在1932年左右"失宠"之前，产生了许多开拓性的项目和完工建筑，为后来的建筑发展留下了显著影响。

建构主义建筑从更广泛的建构主义艺术运动中浮现出来，这种运动源于俄罗斯未来主义运动。第一个也是最著名的建构主义建筑项目是1919年由未来主义者弗拉基米尔·塔特林在圣彼得堡的共产国际总部提出的"第三国际纪念塔"建议（通常称为"塔特林塔"，见图2.2-40）。尽管它尚未建成，但其玻璃和钢铁的建筑材料及其未来主义精神为20世纪20年代的其他项目定下了基调。

建构主义建筑都是以长方形与三角楔形为主要构图元素的，再配以其他形状，如正方形与圆形。利

◎ 图2.2-40 塔特林塔模型

西斯基在他的"Prouns"系列中在自由空间内从不同角度来组合几何图形。它们唤醒了建筑师对基本结构单元的感觉。建筑师们利用技术制图或者工程制图来把这些基本结构单元勾画出来。同样的制作方式也在解构主义建筑中出现，譬如李伯斯金的"Micromegas"。

◎ 图 2.2-41　中国中央电视台的总部大楼

俄罗斯建构主义建筑大师列奥尼多夫（Ivan Leonidov）、康斯坦丁·梅尼可夫（Konstantin Melnikov）、亚历山大·维斯宁（Alexander Vesnin）、乌拉迪莫·塔特林（Vladimir Tatlin）的原始建构主义对解构主义建筑师有很大的冲击，特别是十分著名的雷姆·库哈斯（Rem koolhaas）。他的作品看似具体化的建构过程，像把建筑工地、棚架、起重机的临时性与过渡性的外貌敲定成定稿。在"云吊架"中，利西斯基把起重机连接起来，变成可以居住的地方，就像雷姆·库哈斯为中国中央电视台所设计的总部大楼（见图 2.2-41）。

2.3　中国古代建筑的历史进程

中国悠久的历史创造了灿烂的古代文化，传承着中华文明。建筑艺术和成就在中华文化体系中占据着极其重要的地位，同时也成为世界建筑体系中重要的组成部分。

> 穿斗式木构建筑的结构特点：用穿枋把柱子串联起来，形成一榀榀的房架；檩条直接搁置在柱头上；再沿檩条方向用斗枋把柱子串联起来。

> 抬梁式木构建筑的结构特点：在石础上搭建木柱，柱上搁置梁头，梁头上搁置檩条，梁上再用矮柱架起较短的梁，如此叠层而上。

2.3.1 中国古代建筑体系

1. 中国古代建筑体系概述

中国古代建筑体系分为木构建筑体系、砖石砌筑建筑体系、洞窟建筑体系和绳索建筑体系四种（见表2.3-1），其中木构建筑体系是我国古代建筑体系的主流。

表 2.3-1 中国古代的四种建筑体系及适用类型

建筑体系	适用的建筑类型
木构建筑体系	民居、祠堂、宫殿、寺庙、坛庙、园林建筑等
砖石砌筑建筑体系	砖塔、城墙、城门、石桥、陵墓等
洞窟建筑体系	石窟、窑洞等
绳索建筑体系	索桥、栈等

2. 中国古代木构建筑结构体系

中国古代木构建筑结构体系主要有穿斗式和抬梁式两种。

（1）穿斗式木构建筑的结构特点：用穿枋把柱子串联起来，形成一榀榀的房架；檩条直接搁置在柱头上；再沿檩条方向用斗枋把柱子串联起来。这种木构建筑被广泛用于江西、湖南、四川等南方地区，其结构如图2.3-1所示。

（2）抬梁式木构建筑的结构特点：在石础上搭建木柱，柱上搁置梁头，梁头上搁置檩条，梁上再用矮柱架起较短的梁，如此叠层而上，梁的总数可达3~5根。当柱上有斗拱构件时，将梁头搁置在斗拱上。

这种木构建筑常见于北方地区和宫殿、庙宇等较大规模的建筑物，结构如图 2.3-2 所示。

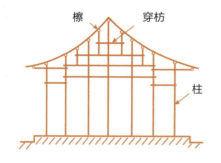 

◎ 图 2.3-1　穿斗式木构建筑的结构　　◎ 图 2.3-2　抬梁式木构建筑的结构

抬梁式木构建筑做法分为大木大式和大木小式两种。大木大式做法用于重要建筑中，大木小式做法用于次要建筑中。两种做法的建筑区别如表 2.3-2 所示。

表 2.3-2　大木大式建筑和小木小式建筑的区别

大木大式建筑	小木小式建筑
有斗拱，也可无	无斗拱
有围廊	有前后廊
间架：5~11 间	间架：3~5 间
有扶脊木	无扶脊木
用瓦材做屋顶	用植物和稻草等做屋顶
无飞橼	无飞橼
低级屋顶形式	低级屋顶形式

注：间架，中国古代木构建筑把相邻两榀屋架之间的空间称为"间"，房屋的进深以"架"数来表达；扶脊木，被脊固定于脊桁上，截面为六边形，在扶脊木两侧朝下的斜面上开椽窝以插脑椽，该构件出现于明清时期，仅用于大木大式建筑；椽，支撑屋顶盖材料的木杆。

2.3.2 中国古代木构建筑的七种主要构件及装饰

1. 屋顶

中国古代建筑常常采取纵向三段式构图,建筑自上而下分别为屋顶、屋身和台基。屋顶在整个建筑中处于最上部,其形态特征具有很强的标志性。

(1)根据屋顶数量划分:古代建筑屋顶分为单檐屋顶和重檐屋顶。

(2)根据屋顶形式划分:有庑殿、歇山、悬山、硬山、攒尖、卷棚、盔顶、盝顶、十字脊顶、扇面顶、勾连搭等形式,其中重檐庑殿屋顶是中国古代大屋顶形式中的最高级别,如天安门城楼屋顶(见图2.3-3)、太和殿屋顶(见图2.3-4)等。

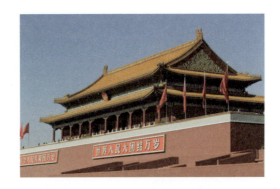

◎ 图2.3-3 天安门城楼屋顶

◎ 图2.3-4 太和殿屋顶

2. 梁柱

穿斗式和抬梁式木构建筑中都有横梁(见图2.3-5)与立柱(见图2.3-6),这是中国古代木构建筑的主要支撑构件。横梁上的装饰不仅具有美观性,而且会起到保护作

> 立柱的高度、柱距以及建筑立面中立柱的数量决定了建筑的规模。

用,同时能够反映建筑的等级。立柱的高度、柱距以及建筑立面中立柱的数量决定了建筑的规模。

◎ 图 2.3-5　横梁

◎ 图 2.3-6　立柱

3. 斗拱

斗拱(见图 2.3-7)是中国古代建筑中独特的结构形式,位于建筑横梁与立柱的交界处。其由斗、拱、昂三部分组成。斗拱有如图 2.3-8 所示的七个作用。

◎ 图 2.3-7　斗拱

1　支撑作用
2　连接柱网
3　减少弯矩作用
4　加大平行木纹的挤压面
5　提升建筑空间
6　吸引地震能量
7　具有一定装饰性

◎ 图 2.3-8　斗拱的七个作用

4. 雀替

雀替（见图 2.3-9）通常位于中国古代建筑梁与柱的交界处、柱间的挂落下，或作为纯粹的装饰构件。宋代称为"角替"，清代称为"雀替"。雀替的用材与建筑用材相一致，木构建筑采用木雀替，石材建筑采用石雀替。

◎ 图 2.3-9　雀替

5. 台基

台基（见图 2.3-10）一般由基座和踏道两部分组成，某些台基前有月台。基座根据等级与形式又可分为普通基座、须弥座和复合型基座。普通基座可用于一般住宅和园林建筑；须弥座源自佛座，由多层砖石构件叠加而成，单层须弥座和复合型基座用于宫殿和庙宇等较高等级的建筑。

台基一般采用石材，可对木构建筑起到防水、防潮作用。《尚书·大诰》中记载："若考作室，既底法，厥子乃弗肯堂，矧肯构？"译文为"父亲要建房子，已设计完毕，但儿子不肯建地基，更何况建造房子呢？"这句话说明了台基具有承托建筑的作用。

踏道根据形式不同，分为阶梯形踏道和斜坡式踏道。

如果建筑高大而雄伟，台基也会根据建筑的尺度适当加大，且在台基前加设月台。月台可以增加建筑室外活动的空间，丰富建筑视觉层次。

◎ 图 2.3-10　南京明孝陵台基残垣

6. 藻井

藻井（见图 2.3-11）是中国古代建筑中独特的天花装饰与建筑结构。中国古代建筑常在殿堂明间正中位置装修斗拱、描绘图案或雕刻花纹。藻井一般都用木材，采取木结构的方式做出如方形、圆形、八角形的样式，并以不同层次向上凸出，在每层的边沿处都做出斗拱，

> 藻井是中国古代建筑中独特的天花装饰与建筑结构。中国古代建筑常在殿堂明间正中位置装修斗拱、描绘图案或雕刻花纹。

> 在中国古代建筑中,常见的装饰手法是彩画,其由箍头、枋心、藻头三个部分组成。和玺彩画、旋子彩画和苏式彩画都是最常见的彩画形式。

然后将斗拱做成木构建筑的真实式样,承托梁枋,再支撑拱顶。藻井最中心部位的垂莲柱为二龙戏珠,图案极为丰富,可产生精美华丽的视觉效果。

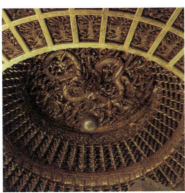 

◎ 图 2.3-11　藻井

7. 彩画

在中国古代建筑中,常见的装饰手法是彩画(见图 2.3-12),其由箍头、枋心、藻头三个部分组成。和玺彩画、旋子彩画和苏式彩画都是最常见的彩画形式。

(1)和玺彩画以龙、凤作为装饰主题,蓝绿色基调,龙的形态主要包括行龙、坐龙、卧龙和降龙四种,凤凰为金色。和玺彩画主要应用在皇家宫殿、坛庙的主殿等重要建筑上,是彩画中的最高形式。

◎ 图 2.3-12　彩画

（2）旋子彩画的藻头部分有旋涡状的几何图形构成一组圆形的牡丹图案，称为旋花。其藻头部分的构图形式有"一整二破""一整二破加一路""一整二破加二路""一整二破加勾丝咬""一整二破加喜相逢"等，主要用于一般官衙、庙宇、城楼、牌楼等建筑上，等级上仅次于和玺彩画。

（3）苏式彩画源于江南苏杭地区的民间传统做法，俗称"苏州片"。明永乐年间营修北京宫殿，大量征用江南工匠，苏式彩画因此传入北方，成为与和玺彩画、旋子彩画风格各异的一种彩画形式，它常常应用在园林建筑上，给人以活泼、优雅之感，引发情趣与无限遐想。历经几百年的发展，苏式彩画的图案、布局、题材及设色均已与原江南彩画不同，尤以乾隆时期的苏式彩画色彩艳丽、装饰华贵，又称"官式苏画"。

2.3.3　中国古代建筑设计发展的五个代表阶段

从建筑发展阶段的角度划分，中国古代建筑分为原始社会时期建筑、奴隶社会时期建筑和封建社会时期建筑，封建社会时期建筑又可分为三个部分：封建社会前期建筑、封建社会中期建筑和封建社会后期建筑（见图2.3-13）。

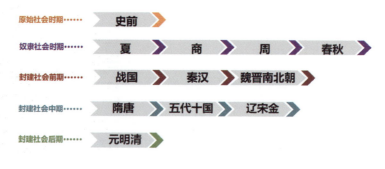

◎ 图2.3-13　中国古代建筑发展阶段

1. 原始社会时期建筑（约公元前170万年—公元前21世纪）

漫长的原始社会主要经历了旧石器时期和新石器时期。在旧石器时期，人类开始使用打制石器；到了新石器时期，人类开始使用磨制石器。磨制石器的使用是区分旧石器时期和新石器时期的重要标志。

从新石器时期的建筑遗存上看，它们主要有位于黄河上游和渭水流域的仰韶文化、位于黄河中下游的龙山文化、位于长江中下游的河姆渡文化，以及位于内蒙古、东北地区和新疆一带的细石器文化。

大多数仰韶文化建筑遗存采用半地穴建筑形式，以半坡文化遗址为代表。龙山文化建筑遗存的主要特点有三个，如图2.3-14所示。

◎ 图2.3-14 龙山文化建筑遗存的主要特点

从考古发掘的实物上看，河姆渡文化建筑遗存带有榫卯结构（见图2.3-15）。榫卯结构是在两个木构件上所采用的一种凹凸结合的连接方式，凸出部分叫榫，凹进部分叫卯。

◎ 图2.3-15 河姆渡文化建筑遗址中发掘的榫卯结构

细石器文化建筑遗存主要有三道岭遗址和七城子遗址。三道岭遗址位于哈密市以西80千米处，发现的细石器有用砾石打制成的刮削器、细长石片、锥形石核等。制作石器的石材主要为玛瑙和石髓。七城子遗址位于木垒哈萨克自治县大石头乡以南，文化遗物有石核、石叶、石片石器等。石片石器中有扇形、龟背形、条形、三角形、弧形刮削器等。

2. 奴隶社会时期建筑（公元前 21 世纪—公元前 476 年）

奴隶社会经历了夏朝、商朝、西周和春秋时期。随着生产力的进步，私有制的产生，社会出现了剥削阶级和被剥削阶级。原始社会逐步解体，奴隶社会开始形成。公元前 21 世纪，大禹的儿子启建立了夏朝，夏朝的建立，标志着奴隶制国家的产生。公元前 16 世纪，夏朝被商汤所灭。夏朝的建筑成就主要表现在如图 2.3-16 所示的四个方面。

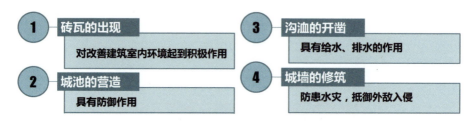

◎ 图 2.3-16 夏朝的建筑成就

公元前 16 世纪，商朝建立；公元前 1046 年，商朝灭亡。商朝的建筑成就主要体现在宫室的规划与营建上。从宫室布局上看，中国封建社会宫室常用的前殿后寝式格局和建筑群沿中央轴线作对称布局的设计，在商朝晚期宫室规划中已经形成雏形（见图 2.3-17）。

公元前 1046—公元前 771 年为西周时期。西周的建筑成就主要反映在都城规划上。《周礼·考工记》中记载："匠人营国，方九里，旁三门，国中九经九纬，经涂九轨，左祖右社，面朝后市，市朝一夫。"这句话描述了理想

◎ 图 2.3-17 殷墟复原图

的都城规划布局与结构,并为后世所沿用。

公元前 770—公元前 476 年为春秋时期,在这一时期,瓦在建筑上得到了普遍使用,出现了高台建筑,另外陵园不用围墙而用城隍作防卫。

3. 封建社会前期建筑(公元前 475—公元 589 年)

封建社会前期经历了战国时期、秦汉两朝和魏晋南北朝时期。

(1)战国时期为公元前 475—公元前 221 年,这一时期城市建设成就显著,尤其表现在齐国临淄、赵国邯郸、燕国下都等国家都城的建设上。

(2)秦汉两朝。秦朝自公元前 221 年起至公元前 207 年止,这一时期最著名的建筑莫过于阿房宫。晚唐时期著名诗人杜牧曾在《阿房宫赋》中对阿房宫有这样一段描述:"覆压三百余里,隔离天日。骊山北构而西折,直走咸阳。二川溶溶,流入宫墙。五步一楼,十步一阁;廊腰缦回,檐牙高啄;各抱地势,钩心斗角。"这体现出了秦朝当时高超的建筑艺术成就。除阿房宫外,秦始皇陵和秦长城也是秦朝建筑成就的杰出代表。

汉朝自公元前 202 年起至公元 220 年止。这一时期,木构建筑技术日趋成熟,其中斗拱已在建筑中普遍应用,制砖技术和拱券技术也得到快速发展。陵墓建筑制度在这一时期也有所创新,出现了凿山为陵的形制,同时安置了许多陪葬墓,它们被称为"陪陵"。著名的茂陵(见图 2.3-18)就被称为"中国的金字塔"。在城

◎ 图 2.3-18　茂陵

市建设方面，以西汉长安、东汉洛阳和曹魏邺城的建设成就尤其突出。

（3）魏晋南北朝时期为220—589年，建筑成就主要体现在佛教建筑和园林建筑上。北魏时期洛阳永宁寺楼阁式木塔（见图2.3-19）、河南登封嵩岳寺密檐式砖塔是寺院建筑的典型代表。大同云冈石窟（见图2.3-20）、洛阳龙门石窟、太原天龙山石窟等是这一时期的石窟艺术珍品。

◎ 图2.3-19 杨鸿勋先生手绘的洛阳永宁寺楼阁式木塔及复原图

魏晋南北朝时期是我国古典园林发展的转折期，这一时期的园林艺术特色如图2.3-21所示。

◎ 图2.3-20 大同云冈石窟

1	在以自然美为核心的时代美学思潮影响下，古典风景式园林由再现自然发展到表现自然，由单纯模仿自然山水发展到对自然山水加以概括、提炼、抽象化和典型化
2	园林的狩猎、求仙等功能基本消失或仅保留象征意义，游赏活动成为主要或唯一功能，人们更加追求对视觉景观的美的享受
3	私家园林兴起，一种是以贵族、官僚为代表的崇尚华丽、争奇斗艳的建筑形式，另一种是以文人名士为代表的表现隐逸、追求山林泉石之怡性畅情的建筑形式
4	皇家园林的建设纳入都城的总体规划中，大内御苑居于都城中轴线上，成为城市中心的组成部分
5	建筑作为造园要素，与其他自然要素相搭配，取得了较密切的协调关系

◎ 图2.3-21 魏晋南北朝时期的园林艺术特色

4. 封建社会中期建筑（589—1279 年）

封建社会中期经历了隋唐两朝、五代十国时期和宋、辽、金并立时期。

（1）隋唐两朝。隋朝（581—618 年）建筑成就主要反映在城市建设上，隋大兴城是我国古代规模最大的都城，都城布局、城市轮廓和东汉洛阳相似，功能分区清晰。唐朝在隋大兴城的基础上加以扩建，改名为长安。整个长安城规模宏大、规划严整，对当时日本的城市建设产生了深远影响。

唐朝（618—907 年）的佛教建筑十分兴盛。位于山西五台县的佛光寺大殿（见图 2.3-22），面阔七间，进深四间，屋顶采用庑殿顶，结构上有金箱斗底槽做法，被我国著名建筑学家梁思成先生誉为"中国第一国宝"。

◎ 图 2.3-22　山西五台县的佛光寺大殿

位于山西五台县西南的南禅寺大殿（见图 2.3-23）是我国现存最早的木构大殿；位于四川乐山市的乐山大佛（见图 2.3-24）是唐代石窟造像中的艺术精品。

◎ 图 2.3-23　南禅寺大殿

◎ 图 2.3-24　乐山大佛

说起唐代的陵墓建筑，当属乾陵最为著名。乾陵（见图 2.3-25）是全国乃至世界上唯一一座夫妻都是皇帝的合葬陵墓，陵墓位于陕西省咸阳市梁山上，气势雄伟。有这样的诗句描绘该陵墓："千山头角口，万木爪牙深。"在皇家园林建筑规划上，唐代大明宫、兴庆宫最具特色。

（2）五代十国时期（907—960 年）是一个多战乱、大割据的时代，这一时期的苏州园林有所发展，其中最著名的建筑有苏州虎丘云岩寺塔（见图 2.3-26）、杭州保俶塔（见图 2.3-27）等。

◎ 图 2.3-25　乾陵

◎ 图 2.3-26　苏州虎丘云岩寺塔　　◎ 图 2.3-27　杭州保俶塔

（3）宋、辽、金并立时期（960—1279 年）在建筑方面的成就主要反映在城市规划、佛教建筑和建筑理论上。宋代都城汴梁的建设打破了唐代的里坊制度，沿街设肆，形成开放城市，例如，平江城中的坊，不设坊门和坊墙。北宋时期官方颁布了《营造法式》，作者李诫，这是我国现存年代最早、最完整的建筑技术书籍。辽代建造的山西应县佛官寺释迦塔（见图 2.3-28）是我国现存的最古老、最完整且唯一的木塔。目前现存有辽代三大寺院，分别是辽宁义县奉国寺、天津蓟州独乐寺和山西大同华严寺。山西太原晋祠中的献殿建于金大定八年（1168 年），面阔三间，进深两间，是晋祠三大国宝建筑之一。

◎ 图 2.3-28　山西应县佛官寺释迦塔

5. 封建社会后期建筑（1279—1911年）

封建社会后期经历了元、明、清三代。

（1）元代（1279—1368年）。建于北京的妙应寺白塔（见图2.3-29）是我国现存年代最早、规模最大的一座元代藏传佛教塔，是元大都保留至今的重要标志。

◎ 图2.3-29　妙应寺白塔

（2）明代（1368—1644年）的建筑成就主要体现在宫殿、陵墓、园林、住宅等诸多方面。北京故宫建筑群规划就是在明代完成的。明十三陵（见图2.3-30）是明代十三位帝王的陵墓群，位于北京市昌平区，从建筑设计手法上看，陵墓群注重相地，采用虚实结合手法，强调建筑与雕塑的结合。拙政园（见图2.3-31）和留园是明代江南园林，园林在叠山理水方面独具特色，建筑体量适宜，造型丰富。明末造园家计成著有《园冶》，系统地总结了中国古代造园方法与实践经验。明代住宅以古徽州民居为代表（见图2.3-32）。

◎ 图2.3-30　明十三陵

◎ 图2.3-31　拙政园

◎ 图2.3-32　古徽州民居

（3）清代（1644—1911年）是我国古代封建社会最后一个朝代，其建筑成就举世瞩目。宫殿建筑方面最具代表性的有作为皇帝行宫的承德避暑山庄（见图2.3-33）。民居建筑方面最具代表性的有北京四合院（见图2.3-34）、山西灵石县王家大院（见图2.3-35）、

◎ 图2.3-33　承德避暑山庄

山西祁县乔家大院等。北京四合院的建筑格局带有封建家长制色彩，空间尺度适中，主要受风水思想影响。王家大院规模宏大，装饰精美，被称为"中国民居艺术馆"。建筑理论方面最具代表性的是雍正年间工部颁布的《工程做法则例》，这是清代宫廷建筑的法规。

◎ 图2.3-34　北京四合院　　◎ 图2.3-35　山西灵石县王家大院

2.4　中国近现代的建筑设计史

2.4.1　中国近代建筑

1840年鸦片战争开始，中国进入半殖民地半封建社会，从而开

启了中国近代建筑发展历程。

中国近代建筑的发展，大体上分为三个时期：19 世纪中叶至 19 世纪末、19 世纪末至 20 世纪 30 年代末、20 世纪 30 年代末至 20 世纪 40 年代末。

1. 19 世纪中叶至 19 世纪末

19 世纪中叶至 19 世纪末是中国近代建筑发展的早期。该时期虽然在广州、厦门、福州、宁波、上海等通商口岸城市的新城区中出现了早期的外国领事馆、工部局、银行、商店、工厂、仓库、饭店、俱乐部和洋房住宅等建筑，但这些建筑在类型上、数量上、规模上都很有限。该时期的建筑标志着中国建筑开始突破故步自封的状态，迈开了现代转型的初始步伐，随后通过西方近代建筑的被动输入和主动引进，近代中国新建筑体系逐步形成。

2. 19 世纪末至 20 世纪 30 年代末

这个时期的建筑类型种类有所发展，民用建筑与工业建筑已基本齐备，水泥、玻璃、机制砖瓦等建筑材料的生产能力也有明显提升。此外，近代建筑工人的队伍也壮大了。20 世纪 20 年代，近代中国新建筑体系形成。1927—1937 年，近代建筑活动进入繁荣期，如图 2.4-1 所示为吕彦直设计的南京中山陵。

◎ 图 2.4-1　南京中山陵

3. 20 世纪 30 年代末至 40 年代末

1937—1949 年,中国由于经历了抗日战争和内战,建筑活动很少。期间,著名建筑学家梁思成为保护历史建筑做出了不懈努力。总之,这一时期是近代中国建筑活动的停滞期。

2.4.2　中国现代建筑

自 1949 年 10 月新中国成立后的几十年的历史中,中国建筑的发展经历了两个时期。

1. 自律时期

由于历史环境的原因,中国人民不得不依靠自身力量去完成建立国家工业基础的任务,因此该时期被称为自律时期。

自律时期划分为四个阶段,即百废初兴阶段、复兴与探索阶段、再探索与受挫阶段、全面倒退与局部突破阶段。在自律时期的建筑发展中,尤其需要关注的是,在 1959 年 10 月,即新中国成立 10 周年之际,北京兴建起一系列建筑,有人民大会堂、中国革命博物馆与中国历史博物馆(两馆同属一建筑内,即现在的中国国家博物馆)、中国人民革命军事博物馆、农业展览馆、民族文化宫、北京火车站、工人体育场、钓鱼台国宾馆、华侨大厦、民族饭店,即"十大国庆建筑"。这些建筑凝结了当时建筑师的智慧与汗水,也显示出了当时中国建筑艺术与技术的最高成就。

2. 开放时期

自 20 世纪 70 年代末开始,中国实行改革开放,国家进入转型期,即开放时期。开放时期的建筑设计水平迅速提升,再加上外国的建筑技艺对中国建筑的影响，从而促使中国建筑设计的多元格局逐渐形成。这一时期的建筑代表作非常多，其中有美国华裔建筑大师贝聿铭设计的北京香山饭店（见图2.4-2）、美国SOM设计事务所设计的上海金茂大厦等建筑（见图2.4-3）。

◎ 图2.4-2　北京香山饭店

◎ 图2.4-3　上海金茂大厦

第 3 章
建筑平面设计

3.1 建筑平面设计概述

3.1.1 建筑平面设计的概念

用来表达建筑物内部空间组合和外部形象的建筑图有平面图、剖面图和立面图，三种图样综合起来，即可全面地反映建筑物从内到外、从水平到垂直的整体面貌。建筑平面是表示建筑物各部分在水平方向上的组合关系，通常较为集中地反映建筑功能。因此，进行建筑设计时，总是先从建筑平面设计入手。

一般情况下，建筑有几层就应该画几个平面图，并在图纸下方标明相应的图名。当建筑中间若干层的平面布局、构造状况完全一致时，则可用一个平面图来表达相同布局的若干层，称为建筑标准层平面图。建筑平面图的常用比例为 1∶100、1∶150、1∶200 等。

3.1.2 建筑平面设计的作用

建筑平面设计是在依据建筑属性和建筑设计相关国家与地方法规

> 建筑平面是表示建筑物各部分在水平方向上的组合关系，通常较为集中地反映建筑功能。因此，进行建筑设计时，总是先从建筑平面设计入手。

> 建筑平面设计是在依据建筑属性和建筑设计相关国家与地方法规的前提下，按照委托方的要求对建筑内部空间进行组合的过程，是解决建筑局部与整体，建筑与外部环境，建筑空间序列、功能联系与建筑形体组合之间关系问题的过程。

的前提下，按照委托方的要求对建筑内部空间进行组合的过程，是解决建筑局部与整体、建筑与环境，建筑空间序列、功能联系与建筑形体组合之间关系问题的过程。

1. 对建筑内部空间进行组合

建筑空间内外有别。一般将位于建筑内部，且全部由建筑物本身所形成的空间称为内部空间。对一栋建筑而言，建筑内的各个功能用房、走廊、电梯间、楼梯间、洗手间等都是内部空间。

对内部空间的分析，常常从两个方面入手：一是单一空间问题；二是多空间组合问题。单一空间是构成建筑空间的基本单元，任何复杂的建筑空间都可以分解为一个个单一空间，而对复杂建筑空间的分析就可以从对单一空间元素的分析着手。

在现实生活中，只有极少数建筑由单一空间组成，绝大多数建筑是由几个、十几个、几十个，甚至几百个、上千个单一空间按照一定的位置关系组合而成的。人们在建筑中的行为活动往往涉及多个建筑空间，因此，要处理好建筑空间还需处理好各个单一空间的相互关系，将它们以最合理的方式有机组合起来，形成一个整体，从而满足人们的使用要求。

2. 解决建筑局部与整体、建筑与环境之间关系的问题

当建筑功能复杂时，其功能系统可以拆解为若干小的功能系统，如酒店建筑主要是为旅客提供一个住宿与餐饮的地方，在建筑功能系

统上分为住宿、餐饮、会议、康体、其他服务等子功能系统，每个子功能系统又由若干建筑空间组成。若整个酒店在设计后想高效率地投入运营，就必须解决好建筑局部与整体之间的关系问题。

当进行建筑平面设计，尤其是建筑首层平面设计时，往往需要结合建筑用地地块周围的环境进行整体性设计。如果在构思时，没有考虑到建筑周围环境中的交通流线、绿化布局、景观特征、地域特点、地方文化等因素对建筑的影响，那么在一定情况下，建筑与建筑外部环境之间可能会存在一些矛盾。因此，在建筑设计中，我们要树立全局观念，考虑到多方面的设计限定条件，尽量处理好建筑与环境之间的关系。

3. 解决空间序列、功能联系与建筑形体组合之间关系的问题

建筑平面设计主要是对建筑的空间序列、空间功能、建筑形体组合的设计。建筑空间序列与建筑功能紧密相连，空间序列又离不开空间组织。建筑空间组织可以大致划分为如下四种关系：

（1）并列关系。建筑各个空间在功能、面积上相同与相近，彼此之间没有直接的依存关系。例如，宿舍楼中的寝室、教学楼中的教室、办公楼中的办公室等多以走道或走廊为交通联系，从而沿走道或走廊单面布房或双面布房。

（2）序列关系。建筑若干空间在使用过程中有明确的先后顺序的，多采用序列关系，以便符合使用要求和人们的行为习惯，如博物馆、展览馆、文化馆中的展厅，以及候车楼、候机楼等建筑。

（3）主从关系。建筑若干空间在功能上既相互依存又有明显的隶属关系的，多采用主次关系。其中，主要的建筑空间常常在面积上比从属的建筑空间大，且各从属空间多位于主要空间的周围，如图书馆同一层楼中的书库空间与阅览空间之间是一种主从关系，书库空间

较大且在主要的空间位置，阅览空间则相对面积较小，处于从属地位。再如，住宅中的起居室与卧室、餐厨等空间的关系也是主从关系。

（4）综合关系。建筑形体组合形式与建筑内部空间设计也有着密切关系，需要绘图者在满足建筑节能要求的基础上，使建筑形体组合与建筑空间组合、建筑功能等因素有机结合起来。同时，这三者之间又是相互作用的。建筑形体组合必须考虑建筑物体形系数，建筑物体形系数越小，建筑节能效果才能越好。

为了减小建筑物体形系数，在设计中可以采取如图 3.1-1 所示的四种方式。

◎ 图 3.1-1　减小建筑物体形系数的四种方式

3.2　建筑平面图的组成

根据组成部分，一个建筑物通常分为使用部分和交通联系部分（见图 3.2-1），因此一个建筑物的平面图包括了各个组成部分的平面图。

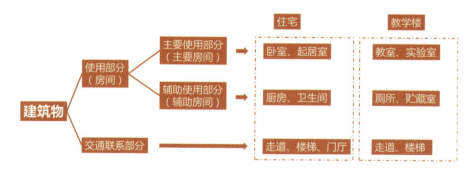

◎ 图 3.2-1　建筑物的组成部分

3.2.1 主要房间的平面设计

房间是组成建筑物最基本的单位。房间的平面设计涉及房间的面积、平面形状和平面尺寸，以及门窗设置等。

1. 房间的面积、平面形状和平面尺寸

1）房间的面积

（1）房间的面积组成：家具及设备所占面积；人在室内的使用活动面积（包括使用家具及设备时，近旁所需面积）；房间内部的交通面积。如图 3.2-2 所示为某教室及某卧室中室内使用面积分析示意图。

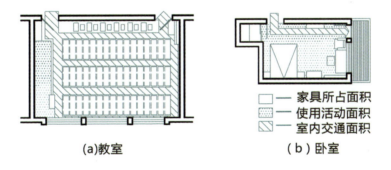

◎ 图 3.2-2　某教室及某卧室中室内使用面积分析示意图

（2）房间的面积确定：需考虑房间的使用活动特点和使用人数。使用活动特点不同的房间，对面积有不同的要求；使用活动特点相同的房间，其面积往往取决于使用人数。为了满足使用要求，房间内通常都要布置家具设备，由家具设备的尺寸和数量，可确定它们在房间内所占用的面积；除了满足使用要求，还应考虑经济条件及相应的建筑标准。如图 3.2-3 所示为部分民用建筑房间面积定额参考指标。

建筑类型	房间名称	面积定额（m²/人）	备注
中小学	普通教室	1~1.2	小学取下限
办公楼	一般办公室	3.5	不包括走道
	会议室	0.5	无会议桌
		2.3	有会议桌
铁路旅客站	普通候车室	1.1~1.3	
图书馆	普通阅览室	1.8~2.5	4~6座双面阅览桌

◎ 图 3.2-3 部分民用建筑房间面积定额参考指标

2）房间的平面形状

民用建筑常见的房间形状有矩形、方形、多边形、圆形等。在设计中，应从使用要求、结构形式与结构布置、经济条件、美观等方面综合考虑，选择合适的房间形状。一般功能要求的民用建筑房间形状常采用矩形，当然，矩形平面也不是唯一的形式。如图 3.2-4 所示为某教室的平面形式及课桌椅布置图。如图 3.2-5 所示为某影剧院观众厅平面形式。

矩形教室　　六角形教室　　方形教室

◎ 图 3.2-4 某教室的平面形式及课桌椅布置图

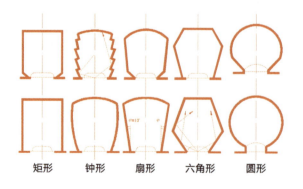

矩形　钟形　扇形　六角形　圆形

◎ 图 3.2-5 某影剧院观众厅平面形式

> 房间形状的确定取决于功能、结构和施工条件，但也要考虑房间的空间艺术效果。

房间形状的确定取决于功能、结构和施工条件，但也要考虑房间的空间艺术效果。

3） 房间的平面尺寸

对于民用建筑中常用的矩形平面来说，房间的平面尺寸是指房间的开间和进深。开间：亦称面宽或面阔，是指房间在建筑外立面上所占宽度；进深：是指垂直于开间方向的房间深度尺寸。

开间和进深应符合《建筑模数协调标准》（GB/T 50002—2013）的要求，一般采用3M数列。确定房间的平面尺寸要注意以下几个方面：

（1）房间的使用要求。如图3.2-6所示为卧室的开间和进深示例。

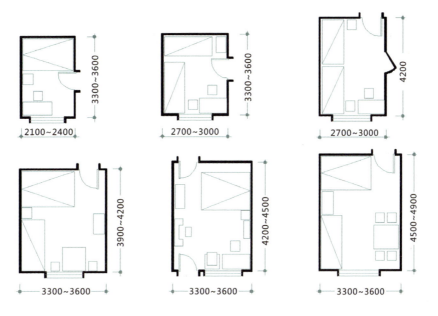

◎ 图3.2-6　卧室的开间和进深示例（单位：mm）

（2）采光、通风等室内环境的要求。如图3.2-7所示为采光方式对房间进深的影响。

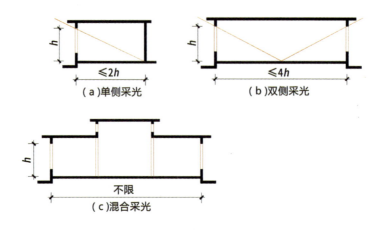

◎ 图3.2-7　采光方式对房间进深的影响

（3）精神感受和审美需求。房间的平面尺寸在满足功能要求的前提下，还应考虑人们的精神感受和审美需求。房间的长宽比例不同，会使人产生不同的视觉感受：窄而长的房间会给人以向前的导向感，较为方正的房间会给人以静止感。确定房间的平面尺寸时，应选用恰当的长宽比例，以给人正常的视觉感受。房间的长宽比一般为1∶1~1∶2，以1∶1~1∶1.5为宜。

（4）技术经济方面的要求。房间的平面尺寸应使结构布置经济合理。在墙承重结构和框架结构中，板的经济跨度一般为2.40~4.20m，梁的经济跨度一般为5~9m。房间的开间、进深尺寸应尽量使构件标准化，减少构件类型，便于构件统一。

2. 房间的门窗设置

1）房间门的设置

门的主要作用是联系和分隔室内外空间，有时也兼通风、采光用。

> 门的主要作用是联系和分隔室内外空间，有时也兼通风、采光用。门的设置对人流活动、家具设备布置、内部空间使用及安全疏散等有着较大影响。

门的设置对人流活动、家具设备布置、内部空间使用及安全疏散等有着较大影响。在建筑平面设计中，主要应考虑门的宽度、数量、位置和开启方式等。

（1）门的宽度通常是指门洞口的宽度。门的净宽即门的通行宽度，是指两侧门框内缘之间的水平距离。门的宽度应满足人流通行、家具设备搬运以及防火规范等要求，主要取决于人体尺度、家具设备的尺寸及人流活动的情况。根据人体尺度，每股人流通行所需宽度一般不小于550mm。如图3.2-8所示为住宅中卧室门的宽度。

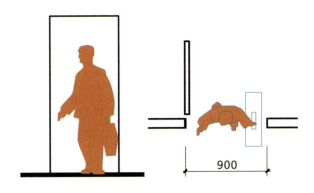

◎ 图3.2-8　住宅中卧室门的宽度（单位：mm）

有些房间的门，如供少量人流通行且要求搬运一定家具设备的门或有较大家具设备出入的门等，其宽度应在满足人流通行的基础上适当加大。有大量人流出入的房间，如体育馆、影剧院和礼堂的观众厅等，门的宽度及门的总宽度应符合《建筑设计防火规范》（GB 50016—2014）中的有关规定。

为便于开启，门扇的宽度通常在1000mm以内。门的宽度不超过1000mm时，一般采用单扇门；1200~1800mm时，一般采用双扇门；超过 1800mm 时，一般不少于四扇门（见图 3.2-9）。

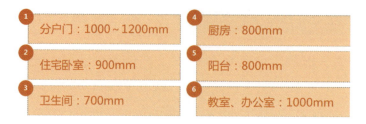

◎ 图 3.2-9　民用建筑常用门的宽度

（2）门的数量是根据联系和使用要求、使用人数、人流活动特点等因素确定的，同时，还应符合防火要求。

（3）门的位置的确定应主要考虑家具设备布置、交通流线组织、安全疏散及室内自然通风等方面的要求（见图 3.2-10）。

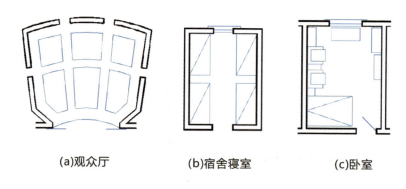

(a) 观众厅　　　　(b) 宿舍寝室　　　　(c) 卧室

◎ 图 3.2-10　门的位置示例

（4）门的开启方式（见图 3.2-11）。门开启时要占据一定的空间位置，为避免妨碍门外走道或其他空间的使用，房间的门宜向内开启，如普通教室、办公室、居室、客房、病房等房间的门多采用内开。对于使用人数较多、面积较大的房间，如观众厅、候车厅、大会议室、合班教室等，为便于人流疏散，门应向外开启，或采用双向开启的弹簧门。当几扇门的位置比较集中时，应注意协调门的开启方向，防止门扇开启时相互碰撞或阻碍交通。

> 窗的主要作用是采光和通风，同时也起围护、分隔和观望的作用。窗的设置对室内采光、通风以及建筑立面构图等有着较大影响。

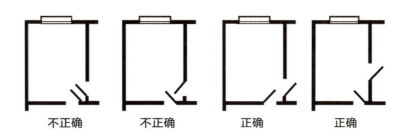

◎ 图 3.2-11　门的开启方式

2） 房间窗的设置

窗的主要作用是采光和通风，同时也起围护、分隔和观望的作用。窗的设置对室内采光、通风以及建筑立面构图等有着较大影响。建筑平面设计中，主要应解决窗的面积大小和位置等问题。

（1）窗的面积大小主要取决于室内的采光要求。不同使用性质的房间对采光的要求不同（见图 3.2-12），设计时，常采用窗地面积比来初步确定窗的面积大小。窗地面积比简称窗地比，是指窗洞口面积与房间地面面积之比。

采光等级	视觉工作特征		房间名称	窗地面积比
	工作或活动要求精确程度	要求识别的最小尺寸/mm		
Ⅰ	极精密	<0.2	绘图室、制图室、画廊、手术室	1/3～1/5
Ⅱ	精密	0.2~1	阅览室、医务室、健身房、专业实验室	1/4～1/6
Ⅲ	中精密	1~10	办公室、会议室、营业厅	1/6～1/8
Ⅳ	粗糙	大于10	观众厅、居室、盥洗室、厕所	1/8～1/10
Ⅴ	极粗糙	不作规定	贮藏室、门厅、走廊、楼梯间	1/10以下

◎ 图 3.2-12　民用建筑采光等级要求

（2）窗的位置应综合采光、通风、立面处理和结构等因素来确定。窗的位置应使房间的光线均匀，避免产生暗角和眩光。

窗的位置直接影响到房间的自然通风效果。设计时，一般将窗和门的位置结合考虑来解决房间的自然通风问题。房间的门窗位置影响着室内的气流走向和通风范围（见图3.2-13）。为取得良好的通风效果，应使气流经过室内的路线尽可能长，影响的范围尽可能大，并尽量减少涡流即空气不流动地带的面积。通常门窗宜在房间两侧相对布置，以便组织穿堂风，使室内空气流动通畅。

窗是建筑立面上的主要构件，窗的位置影响到立面处理的效果。在满足采光和通风要求的基础上，可对窗的位置做适当调整。窗的位置还应考虑结构的可行性和合理性。在墙承重的建筑中，为求得立面上的协调，窗的位置应避开有梁的地方，窗间墙应有一定的宽度，以满足结构要求。

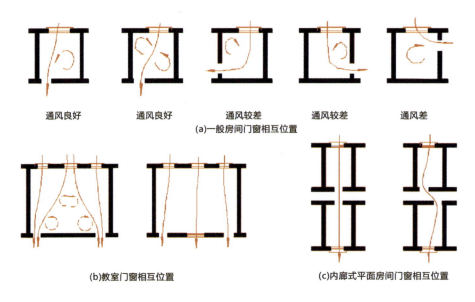

◎ 图 3.2-13　门窗平面位置对气流组织的影响

> 辅助房间的设计原理和方法与主要房间的基本相同,但对于室内有固定设备的辅助房间,通常由固定设备的类型、数量和布置来控制房间的形式。

3.2.2 辅助房间的平面设计

辅助房间的设计原理和方法与主要房间的基本相同,但对于室内有固定设备的辅助房间,如厕所、盥洗室、浴室和厨房等,通常由固定设备的类型、数量和布置来控制房间的形式。

1. 公共卫生用房设计

公共卫生用房主要包括厕所、盥洗室、浴室等。这些房间可单独设置,也可布置在一起形成公共卫生间。

1) 厕所设计(见图 3.2-14)

(1)卫生设备的类型:厕所的卫生设备主要有大便器、小便器及洗手盆和污水池等。

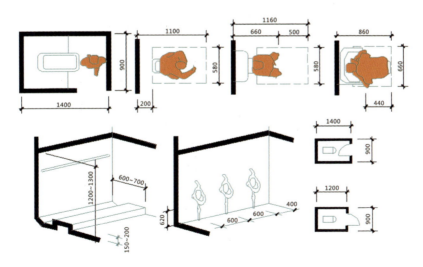

◎ 图 3.2-14 厕所设计(单位:mm)

（2）卫生设备的数量：根据使用人数和建筑物的类型，按相应的建筑设计规范中规定的设备个数指标来计算确定（见图3.2-15）。

建筑类型	男小便器（人/个）	男大便器（人/个）	女大便器（人/个）	洗手盆	男女比例
体育馆	80	250	100	150	1:1
影剧院	35	75	50	140	2:1～3:1
中小学校	40	40	25	100	1:1
火车站	80	80	50	150	2:1
宿舍	20	20	15	15	按实际情况
旅馆	20	20	12	15	按实际情况

◎ 图3.2-15　部分建筑厕所设备参考指标

（3）卫生设备的布置：根据卫生设备的类型和数量，考虑使用和管道布置等方面的要求，进行卫生设备的布置（见图3.2-16）。

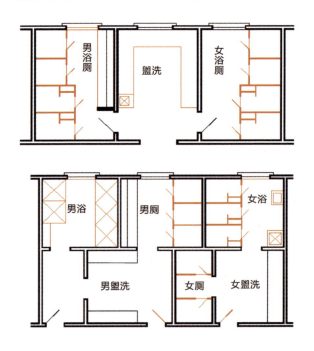

◎ 图3.2-16　卫生设备的布置

（4）厕所的平面尺寸，示例见图3.2-17。

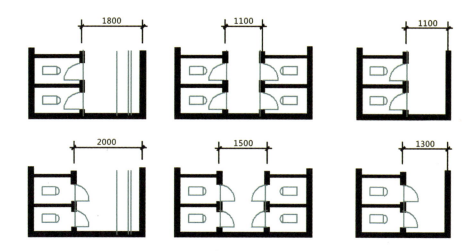

◎ 图 3.2-17　厕所的平面尺寸（单位：mm）

（5）厕所的平面位置：厕所应布置在建筑物中既隐蔽又方便使用的位置，宜与走道、楼梯、大厅等交通部分相联系，如布置在建筑物的转角处、走道的端部等靠近楼梯或出入口的位置。使用量大的厕所应有天然采光和不向邻室对流的直接自然通风，并尽量利用差的朝向，以保证主要房间有较好的朝向。供少数人使用的厕所可间接采光或采用人工照明，但应考虑设置排气设备确保厕所内的空气清新。男女厕所常并排布置，并宜与盥洗室、浴室毗邻。建筑物的位置应上下对齐，以节约管道和方便施工。

2）盥洗室、浴室设计

盥洗室的卫生设备主要是洗脸盆或盥洗槽，卫生设备的类型数量按建筑标准和使用人数来配备。浴室的主要设备是淋浴器，此外，还需设置存衣、更衣设备，设备的数量与使用人数有关。盥洗室、浴室的平面尺寸可根据卫生设备的尺寸、数量、布置及人体活动尺度来确定（见图 3.2-18）。

> 专用卫生用房的设计，主要是根据卫生设备的布置形式、尺寸及人体活动所需尺度，确定平面尺寸的。

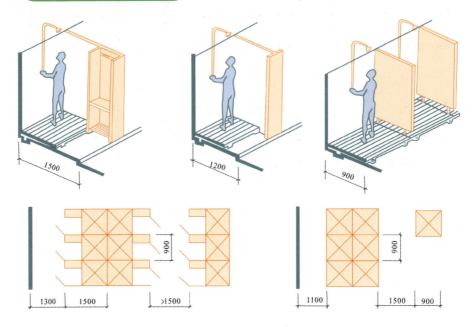

◎ 图 3.2-18 浴室的平面尺寸（单位：mm）

2. 专用卫生用房设计

专用卫生用房常用于住宅及标准较高的旅馆客房、医院和疗养院的病房等。室内的卫生设备主要有坐式大便器、洗脸盆和浴缸等。

专用卫生用房的设计，主要是根据卫生设备的布置形式、尺寸及人体活动所需尺度，确定平面尺寸的（见图 3.2-19）。卫生设备的布置应使管线集中，并使室内有足够的活动面积，同时应考虑维修方便。卫生间可沿内墙布置，采用人工照明和通风道通风，也可沿外墙布置，采用直接采光和自然通风。

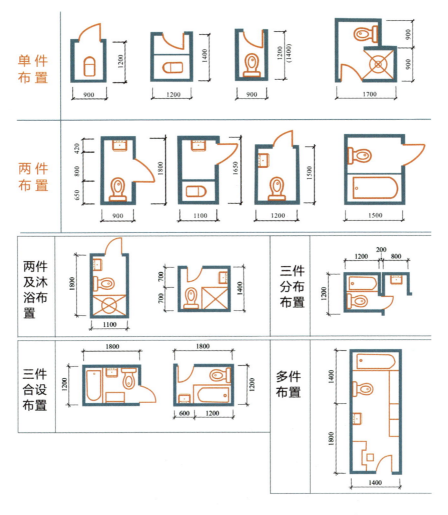

◎ 图 3.2-19　专用卫生用房设计（单位：mm）

3. 专用厨房设计

专用厨房是指住宅、公寓等建筑中每户使用的厨房。厨房的主要功能是炊事，有的厨房还兼有进餐功能。厨房应设置炉灶、洗涤池、案台及排油烟机等设备。设备的平面布置形式主要有单排、双排、L形、U形几种（见图 3.2-20）。

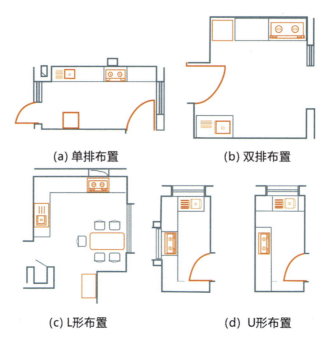

(a) 单排布置　　(b) 双排布置

(c) L形布置　　(d) U形布置

◎ 图 3.2-20　厨房设备的平面布置形式

厨房设计应满足如图 3.2-21 所示的三个方面的要求。

1	有足够的面积，以满足设备和操作要求
2	设备布置应符合炊事操作流程，并保证必要的操作空间
3	厨房应有直接采光和自然通风，并宜布置在靠近户门且朝向较差的位置

◎ 图 3.2-21　厨房设计应满足的三个方面的要求

3.2.3　交通联系部分的平面设计

交通联系部分是联系主要房间和辅助房间的纽带，建筑物的各类用房通过交通联系部分得以正常运转并形成有机整体。

> 走道的宽度主要应满足人流通行、家具设备运行以及防火规范等要求。

交通联系部分设计的主要要求如图3.2-22所示。

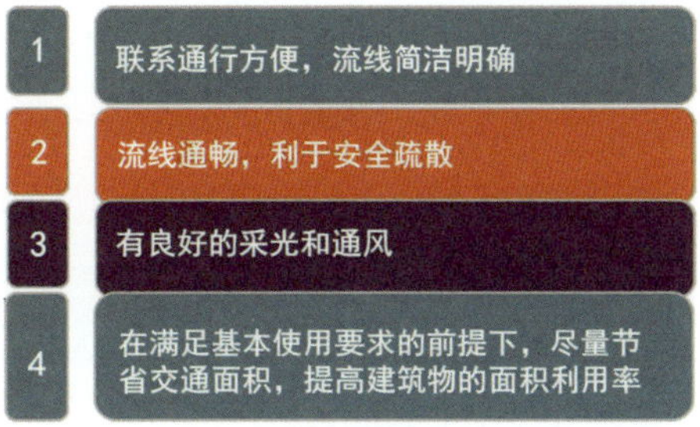

1. 走道

走道又称走廊，主要功能是交通联系，即联系建筑物同层内的各个房间。有的走道还兼有其他功能，成为多功能综合使用的空间。走道的布置方式主要有两种，即中间走道和单面走道，单面走道可做成封闭式或开敞式。

◎ 图3.2-22 交通联系部分设计的主要要求

（1）走道的宽度。走道的宽度主要应满足人流通行、家具设备运行以及防火规范等要求。考虑人流通行要求，走道的宽度可根据人体活动尺度和通行人流的股数确定。走道宽度的确定也与家具设备运行、安全疏散、防火规范要求，以及走道性质、空间感受有关。对常用走道的宽度（净宽），各建筑设计规范有详尽规定（见图3.2-23）。

◎ 图3.2-23 常用走道宽度设计规范

> 走道的长度主要根据建筑物的使用要求、平面布局以及防火规范、耐火等级和采光等要求来确定。

> 楼梯的平面设计的主要内容是依据建筑物的使用要求、人流通行情况及防火要求，选择楼梯形式，确定楼梯的宽度、数量和位置。

（2）走道的长度主要根据建筑物的使用要求、平面布局以及防火规范、耐火等级和采光等要求来确定（见图 3.2-24）。

建筑类型	位于两个外部出口或楼梯之间的房间			位于袋形走道两侧或尽端的房间		
	耐火等级			耐火等级		
	一、二级	三级	四级	一、二级	三级	四级
托儿所、幼儿园	25	20	—	20	15	—
医院、疗养院	35	30	—	20	15	—
学校	35	30	25	22	20	—
其他民用建筑	40	35	25	22	20	25

◎ 图 3.2-24　房间门至外部出口或封闭楼梯间的最大距离（单位：m）

（3）走道的采光和通风。单面走道可直接采光，易获得较好的采光通风效果。中间走道的采光和通风则需采取相应的措施予以解决。如在走道两端设窗直接采光；利用门厅、过厅及开敞的楼梯间和房间来采光；在走道两侧墙上设高窗及门上设亮子来采光和通风等。

2. 楼梯

楼梯是联系建筑物各层的垂直交通设施。楼梯的平面设计的主要内容是依据建筑物的使用要求、人流通行情况及防火要求，选择楼梯形式，确定楼梯的宽度、数量和位置。民用建筑楼梯的位置按其使用性质可分为主要楼梯、次要楼梯、消防楼梯等。

（1）楼梯的形式及楼梯间的形式。

楼梯的基本形式：直跑楼梯（见图 3.2-25）、双跑平行楼梯（见

图 3.2-26）、转角楼梯（见图 3.2-27）、三跑楼梯（见图 3.2-28）、螺旋楼梯（见图 3.2-29）等。

◎ 图 3.2-25　直跑楼梯

◎ 图 3.2-27　转角楼梯

◎ 图 3.2-26　双跑平行楼梯

◎ 图 3.2-28　三跑楼梯

◎ 图 3.2-29　螺旋楼梯

（2）楼梯的宽度（见图 3.2-30）。

楼梯的宽度通常是指楼梯梯段宽度，即梯段边缘或墙面之间垂直于行走方向的水平距离。楼梯梯段净宽即梯段的通行宽度，是指墙面至扶手之间垂直于行走方向的水平净距离。

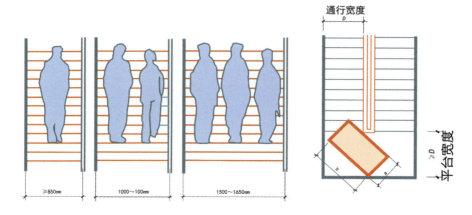

◎ 图 3.2-30 楼梯的宽度

（3）楼梯的数量和位置。

楼梯的数量应根据使用要求和防火要求来确定。公共建筑的楼梯数量一般不少于两个。二、三层建筑（医院、疗养院、托儿所、幼儿园除外）符合图 3.2-31 所示的要求时，可只设一个楼梯。

耐火等级	层数	每层最大建筑面积/m²	人数
一、二级	二、三层	400	第二层和第三层人数之和不超过100人
三级	二、三层	200	第二层和第三层人数之和不超过50人
四级	二层	200	第二层人数不超过30人

◎ 图 3.2-31 可只设一个楼梯的二、三层建筑要求

楼梯的位置应根据交通流线的需要来确定，并应符合防火疏散要求。一般公共建筑的主要楼梯安排在主要出入口附近较明显的位置上，次要楼梯安排在次要出入口的附近或建筑物的转折和交接处。为了保证主要房间好的朝向居多，楼梯间通常布置在建筑物朝向较差的一面或设置在建筑物的转角处。

3. 电梯

电梯是建筑物楼层间垂直交通联系的快速运载设备，常用于高层建筑和一些有特殊要求或标准较高的多层建筑中。电梯的平面设计主要是选择电梯种类和主参数，确定电梯的数量、位置及布置方式等。

电梯一般布置在门厅或出入口附近位置明显的地方，电梯附近应设置辅助楼梯。电梯出入口处应设候梯厅，候梯厅的深度一般不小于电梯轿厢深度的1.5倍。当需要设置多部电梯时，宜集中布置，布置方式主要有单侧排列式和双侧排列式（见图3.2-32）。

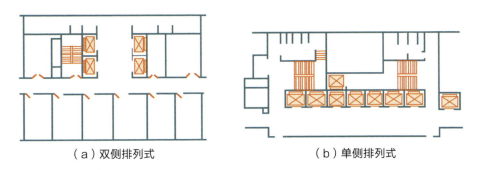

（a）双侧排列式　　　　　（b）单侧排列式

◎ 图 3.2-32　电梯的布置方式

4. 门厅

门厅是在建筑物主要出入口处作室内外过渡的空间，也是供建筑物内部各部分联系的交通中心。在有些公共建筑中，门厅除了作为交通联系，还兼有适应建筑类型特点的其他功能要求。

1）门厅的面积

门厅的面积大小主要取决于建筑物的使用性质、规模和建筑标准，设计时可参考相应建筑的面积定额参考指标来确定（见图3.2-33）。

建筑类型	面积定额	备注
中小学校	0.06~0.08m² 每生	
食堂	0.08~0.18m² 每座	
城市综合医院	11m² 每日百人次	包括洗头空间、小卖部
旅馆	0.2~0.5m² 每床	包括衣帽间和询问室
电影院	0.13m² 每个观众	

◎ 图 3.2-33　部分建筑门厅面积定额参考指标

2）门厅的布置方式

门厅的布置方式有对称式和不对称式两种（见图 3.2-34）。对称式门厅有明显的轴线，一般将门厅和楼梯布置在主要轴线上，走道对称布置于门厅轴线的两侧，有时楼梯也可对称地布置在两边；不对称式门厅没有明显的轴线，门厅内的布置比较灵活，楼梯可布置在门厅的一旁，走道可错开布置。

3）门厅的设计要求

门厅设计应主要满足如图 3.2-35 所示的五个方面的要求。

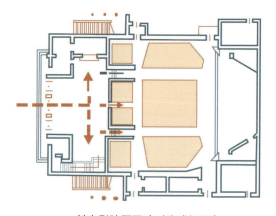

某电影院平面（对称式门厅）

◎ 图 3.2-34　门厅的布置方式

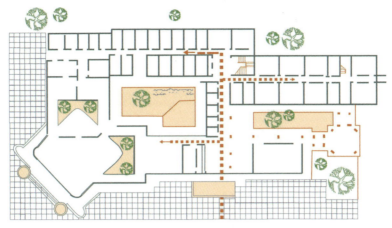

某中学教学楼平面（不对称式门厅）

◎ 图 3.2-34　门厅的布置方式（续）

01 门厅在平面布局中的位置应明显而突出，通常应面向主要道路，使人流出入方便，并多布置在建筑物的主要构图轴线上，成为整个建筑构图的中心

02 门厅内部的布置应做到导向明确，交通流线简洁通畅，避免人流交叉干扰。对于兼有其他功能的门厅，还应留出保障这些功能实施所必需的使用面积，以防止堵塞交通

03 门厅应有良好的天然采光、适宜的空间比例关系。门厅是人流集散之地，也是建筑物内部首先给人以艺术感受的地方。因此，门厅往往是建筑艺术重点处理之处。设计时应解决好门厅的采光、空间比例及装修等问题，以给人良好的空间观感

04 门厅设计应满足疏散安全要求。考虑疏散要求，门厅对外出入口的宽度，不应小于通向该门厅的走道、楼梯通行宽度的总和

05 门厅应注意防雨、防风和防寒等要求。为了防止雨雪飘入室内，门厅对外出入口处通常应设置雨篷或门廊，严寒地区，考虑防寒、防风要求，可设置门斗

◎ 图 3.2-35　门厅设计应主要满足五个方面的要求

3.3　建筑平面组合设计

一幢建筑物是由若干房间和交通联系部分组合而成的。建筑平面组合设计是在熟悉房间及其使用要求的基础上，进一步分析建筑整体的使用要求，分析各房间之间及房间与交通联系部分之间的相互关系，综合考虑技术、经济和建筑艺术等方面的要求，结合整体规划、基地环境等具体条件，将各房间和交通联系部分在水平方向上相互联系和结合，组成一个有机的建筑整体。

建筑平面组合设计的主要任务如图 3.3-1 所示。

1. 根据建筑物的使用和卫生等要求，合理安排建筑各组成部分位置的相互关系
2. 组织好建筑物内部及内外之间方便和安全的交通联系
3. 考虑结构和布置、施工方法和所用材料的合理性，掌握建筑标准，注意美观要求
4. 符合总体规划的要求，密切结合基地环境等平面组合的外在条件，注意节约用地和环境保护等问题

◎ 图 3.3-1　建筑平面组合设计的主要任务

3.3.1　建筑平面组合设计的要求

1. 功能要求

1）功能分区

在进行建筑平面组合设计时，为了把握大的布局方向，使建筑整

> 功能区域应根据各分区之间的功能关系进行布置，先确定大的平面布局，再具体到各功能区内进行房间的细致安排，避免因大的功能关系不合理而造成返工。

体布局、功能合理，应首先将各个房间按其使用性质及联系的紧密程度进行功能分区，把它们分成若干相对独立的功能区域（见图 3.3-2）。这样，在设计时可根据各分区之间的功能关系进行布置，先确定大的平面布局，再具体到各功能区内进行房间的细致安排，避免因大的功能关系不合理而造成返工。

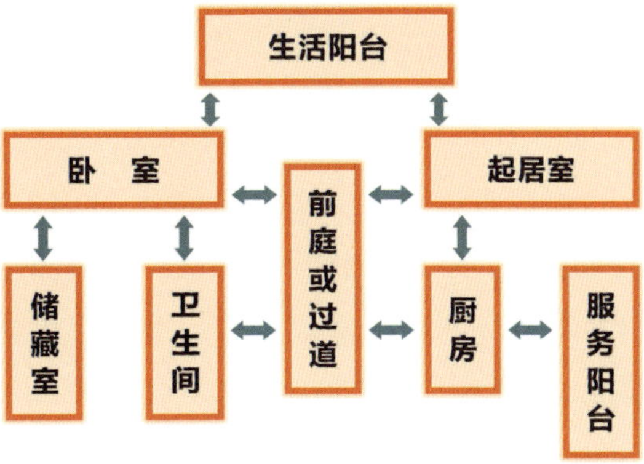

◎ 图 3.3-2　功能分区示意图

2）功能关系分析

建筑物各组成部分之间，在使用中都有不同程度的联系或分隔要求（见图 3.3-3）。进行建筑平面组合设计时，既要满足各部分使用中的联系要求，又要创造必要的分隔条件。

通常有三种功能关系的处理方式，如图 3.3-4 所示。

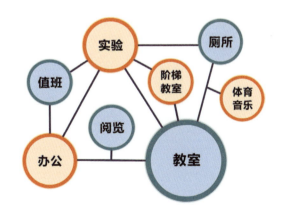

◎ 图 3.3-3　功能关系分析示意图

第 3 章　建筑平面设计　117

1	对使用中联系密切的各部分应靠近布置
2	对使用中没有直接联系又互有干扰的部分应尽可能地隔离布置
3	对使用中既有联系又有干扰的部分可相近布置，但应有适当的分隔

◎ 图 3.3-4　三种功能关系的处理方式

3）交通流线的组织

交通流线是人或物在建筑物内部各部分之间及建筑物内外之间的流动路线。交通流线的组织直接影响到建筑平面布局，建筑物中各部分的功能关系总是通过交通流线的组织体现出来的。设计时，交通流线的组织应主要考虑如图 3.3-5 所示的四个要求。

1	不同性质的流线应明确分开，避免相互干扰
2	流线的组织应符合使用顺序，力求流线简洁明确、通畅、不迂回
3	流线的组织和出入口的设置应与室外的道路及主要人流方向等密切结合，成为有机的整体
4	流线组织应具有灵活性，以创造一定的灵活使用条件

◎ 图 3.3-5　交通流线的组织应主要考虑的四个要求

美国著名建筑大师赖特在设计纽约古根海姆博物馆（见图 3.3-6）时，打破了以往博物馆"迷宫式"和"盒子式"的平面布局形式，设计出了一个弯曲、连续的螺旋形平面，将展品分布于螺旋形墙壁上，给观众耳目一新的感觉，同时也体现了赖特先生"有机建筑理论"的设计思想。这种平面布局形式给后来的设计师在建筑创作中带来了新的设计灵感。

不同的结构类型对平面组合的限制和要求不同，进行建筑平面组合设计时，应根据使用功能要求和室内空间构成特点，选择经济合理的结构布置方案。

在建筑平面组合设计时，为使设备管线布置简洁集中，在满足使用要求的基础上，应尽可能地将有设备管线的房间布置在一起，而且房间及房间内的设备管线应上下各层对齐。

◎ 图 3.3-6　纽约古根海姆博物馆

2. 结构要求

不同的结构类型对平面组合的限制和要求不同，进行建筑平面组合设计时，应根据使用功能要求和室内空间构成特点，选择经济合理的结构布置方案。目前，民用建筑中常用的结构类型有第 1 章中讲到的墙承重结构、框架结构、空间结构三种类型。

3. 设备要求

民用建筑中的设备管线主要包括给排水、采暖、空调、电照、燃气、通信等管线。在建筑平面组合设计时，为使设备管线布置简洁集中，在满足使用要求的基础上，应尽可能地将有设备管线的房间布置在一起，而且房间及房间内的设备管线应上下各层对齐。如住宅中的厨房、卫生间尽量毗邻布置，以节约给排水管道。对设备管线较多的房间，可设置管道井，将竖向管线集中布置在管道井内（见图 3.3-7）。

建筑平面形态在设计时往往需考察建筑所处的地域、文化、历史、周边环境等因素。在这些因素相关符号中提炼建筑平面形态，是建筑平面构思方式之一，同时也为后续建筑设计奠定了一个良好的基础。

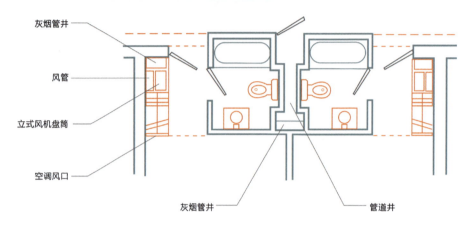

◎ 图 3.3-7　旅馆卫生间集中设置管道井

4．建筑造型要求

建筑物的外部造型是内部空间的反映，内部空间的形式和组合情况必然要影响到建筑体形和立面处理效果。因此，在进行建筑平面组合设计时，应考虑建筑造型要求，注意对建筑体形和立面处理效果所产生的影响，为建筑体形和立面设计打好基础，创造有利的条件。

1）形态设计与传统符号相结合

建筑平面形态在设计时往往需考察建筑所处的地域、文化、历史、周边环境等因素。在这些因素相关符号中提炼建筑平面形态，是建筑平面构思方式之一，同时也为后续建筑设计奠定了一个良好的基础。

博帕尔邦议会大厦（见图 3.3-8）建筑平面创意取自于古印度文化中的曼荼罗图形，强调表现中心与边界。该建筑平面布局形式是将一系列公共空间分隔为九宫格形式，并将它们围合在一个完整的圆形平面内。

◎ 图 3.3-8　博帕尔邦议会大厦

2）形态设计与心理感受相结合

建筑平面设计实质上是空间形态设计，在设计时设计师还应考虑到空间与空间的关联性，其基本原则是注重人在空间活动中的心理感受。这一点在宗教建筑和皇家建筑中表现得尤为突出。

日本著名建筑大师安藤忠雄所设计的真言宗本福寺水御堂，采用卵形水池象征生命的诞生与再生，采用莲花象征开悟的释迦牟尼，采用圆形大殿象征循环不息的轮回。观众可在行进的路线中获得对建筑各个组成部分的不同体验。

3.3.2　基地环境对建筑平面组合的影响

任何建筑物都不是孤立存在的，必然要处在一定的环境之中，与周围环境保持着某种联系，同时又受到它的制约和影响。在进行建筑平面组合设计时，应综合考虑内外多方面因素的影响，使建筑物既能满足功能、结构等方面的要求，又能与基地环境协调一致。

1. 基地的大小、形状和道路布置

基地的大小和形状直接影响到建筑平面布局、外轮廓形状和尺寸。

> 在建筑平面组合设计中，应密切结合基地的大小、形状及道路布置等外在条件，使建筑平面布置形式、外轮廓形状和尺寸及出入口的位置等符合总体规划的要求。

基地周围的道路布置及人流方向是确定建筑物出入口和门厅平面位置的主要因素。因此，在建筑平面组合设计中，应密切结合基地的大小、形状及道路布置等外在条件，使建筑平面布置形式、外轮廓形状和尺寸及出入口的位置等符合总体规划的要求。如图3.3-9所示为考虑前述因素的某小学总平面设计图。

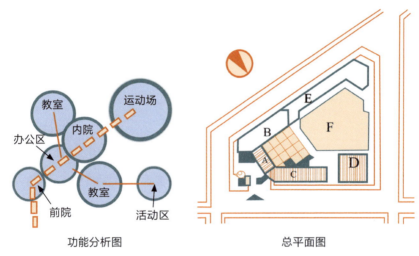

A—办公室；B、C—教学楼；D—多功能教室；E—扩建教学楼；F—操场

◎ 图3.3-9　某小学总平面设计图

2. 基地的地形条件

一般坡地建筑的平面组合应依山就势，顺应地形，尽量减少土石方工程。利用地形的高度变化来布置建筑物，使建筑平面组合与地面高差很好地结合起来，不仅可以减少土方量，而且还可创造出层次分明、富于变化的内部空间和外部形式。

坡地建筑的布置方式可分为平行于等高线布置、垂直于等高线布置、与等高线斜交布置三种，主要根据地面坡度、道路、排水、通风等因素来选择。

当地面坡度小于25%时，建筑物多平行于等高线布置，这种布置方式土方量少，造价经济。当坡度在10%左右时，可将基地稍做平整或将建筑物的前后勒脚调整到同一标高。当坡度大于25%时，建筑物宜垂直于等高线布置，这种布置方式排水、通风较好，但基础比较复杂，道路较难布置。为了争取良好的朝向和通风条件，建筑物也可与等高线斜交布置。

坡度陡的地形，常使房屋结合地形采用错层、吊层或依山就势等较为自由的组合方式（见图3.3-10）。

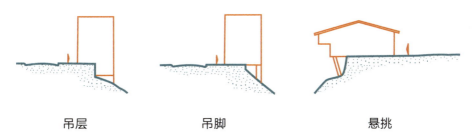

◎ 图3.3-10　依据坡度结合地形设计房屋组合方式

3. 建筑物的朝向和间距

1）朝向

影响建筑物朝向的主要因素是日照和通风。根据我国所处的地理位置，当建筑物的朝向为南向或南偏东、偏西少许角度时，可获得良好的日照条件（见图3.3-11）。为了在夏季获得良好的自然通风，而在寒冷的冬季又能阻挡寒风的侵袭，在满足日照要求的基础上，可根据当地的气候特点及夏季或冬季的主导风向，适当调整建筑物的朝向。

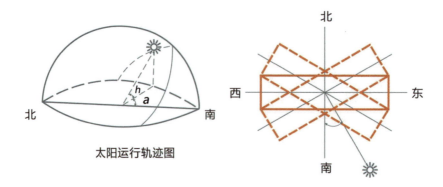

◎ 图 3.3-11　太阳的高度和方位角影响建筑物的朝向

如图 3.3-12 所示为上海崇明体育训练基地。1 号楼南向设置，建筑形态自下而上扭转，实现最大化的自然通风与上部办公区的日照时长。立面采用 45°折窗形式，呼应主要日照朝向，并根据太阳运行轨迹的变化，调整折窗的角度，从而精准地控制光线和自然通风。

◎ 图 3.3-12　上海崇明体育训练基地

2）日照间距

建筑物的间距是指相邻两幢建筑物之间外墙面相距的距离。日照间距是指前后两排房屋之间，根据日照时间要求所确定的距离（见图 3.3-13）。一般情况下，日照间距是确定建筑物间距的主要因素。南向建筑物的日照间距通常以冬至日或大寒日正午 12 时太阳能照射到南向后排房屋底层窗台为依据进行计算。

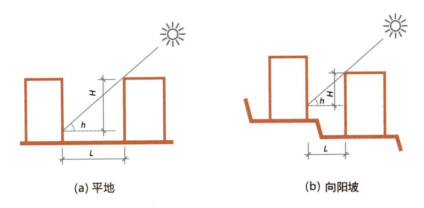

(a) 平地　　　　　　　　　　(b) 向阳坡

◎ 图 3.3-13　建筑物的日照间距

日照间距的计算公式为：

$$L=H/\tan h$$

式中：L——日照间距；

　　　H——南向前排房屋檐口至后排房屋底层窗台的高度；

　　　h——当地冬至日或大寒日正午 12 时的太阳高度角；

　　　$1/\tan h$——日照间距系数。

我国各地区由于太阳高度角不同，有不同的日照间距系数。越往南太阳高度角越大，则日照间距系数及日照间距越小，反之，越往北太阳高度角越小，则日照间距系数及日照间距越大。为了节省用地，实际采用的建筑间距系数通常会略小于理论计算的日照间距系数。

3）防火间距

防火间距是指建筑物之间满足防火疏散要求的距离。防火间距应符合防火规范的有关规定。

4. 通风

自然通风是借助于风压或热压的作用使空气流动，并获得室内外空气的交换，其中风压往往是主要风源。

建筑组群的自然通风与建筑的间距、排列组合方式及迎风方位（即风向对建筑组群的入射角）等有关：

（1）当间距相同时，在风向入射角由 0° 到 60° 依次增大时，各排建筑窗口的相对风速也相应增大。

（2）一般建筑间距越大对通风越有利，但在风向入射角为 0° 时，间距的大小对通风的影响并不显著。当间距较小时，不同风向入射角对通风的影响差别甚小。

（3）选择合适的建筑朝向，使夏季主导风向保持有利的入射角，有利于保证风路畅通（见图 3.3-14）。

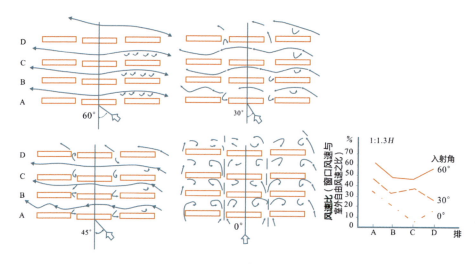

◎ 图 3.3-14　间距为 1.3H 时的气流情况（H 为屋脊高度）

建筑应朝向当地夏季主导风向布置，以增强自然通风的效果（见图 3.3-15）。借助当地风向玫瑰图所示的主导风向来考虑建筑朝向，寒冷地区要避开冬季的主导风向。一般由于地段的地形条件、环境条件和建筑组群布置，局部地区的风向会发生变化，对这些因地区、地形、地物的不同所形成的局部地方风，建筑布局应有利于夏季获得良好的自然通风，并防止冬季寒冷地区和多沙暴地区风害的侵袭。高层建筑的布局，应避免形成高压风带和风口。

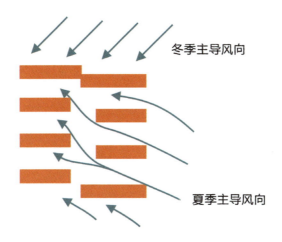

◎ 图 3.3-15　不同季节的主导风向

中国部分地区建议建筑朝向如表 3.3-1 所示。

5. 防震

（1）地震震级用以衡量地震发生时震源处释放出的能量大小。里氏震级分 10 个等级，震级越高，强度越大。

（2）地震烈度表示地震发生后造成对地表建筑物、构筑物的影响或破坏程度，分 12 度。地震的基本烈度是指某一地区 100 年内可能遭遇的地震最大烈度，是当地地震设防的主要依据。基本烈度在 7 度以下的地区，一般不采取防震措施；7 度及以上地区，须依据规范要求进行防震设计；9 度以上地区不宜建设。

地震地区的场地设计要注意如图 3.3-16 所示的五个要点。

表 3.3-1　中国部分地区建议建筑朝向

地区	最佳朝向	适宜朝向	不宜朝向
北京地区	正南至南偏东30°以内	南偏东45°至南偏西35°范围内	北偏西30°~60°
上海地区	正南至南偏东15°	南偏东30°，南偏西15°	北、西北
石家庄地区	南偏东15°	南至南偏东30°	西
太原地区	南偏东15°	南偏东至东	西北
呼和浩特地区	南至南偏东 南至南偏西	东南、西南	北、西北
哈尔滨地区	南偏东15°~20°	南至南偏东15° 南至南偏西45°	西北、北
长春地区	南偏东30°，南偏西10°	南偏东45°，南偏西45°	西北、北
沈阳地区	南、南偏东20°	南偏东至东，南偏西至西	东北东至西北西
济南地区	南、南偏东10°~15°	南偏东30°	西偏北5°~10°
南京地区	南、南偏东15°	南偏东25°，南偏西10°	西、北
合肥地区	南偏东5°~15°	南偏东15°，南偏西5°	西
杭州地区	南偏东10°~15°	南、南偏东30°	北、西
福州地区	南、南偏东5°~10°	南偏东20°以内	西
郑州地区	南偏东15°	南偏东25°	西北
武汉地区	南、南偏西15°	南偏东15°	西、西北

1. 人员较集中的建筑物适当远离高耸的建筑物或构筑物及易燃、易爆部位，并考虑防火、防爆、防止有毒气体扩散等措施，以防次生灾害的发生

2. 建筑物之间的间距应适当放宽

3. 道路宜采取柔性路面

4. 场地内的管道应采取抗震强度较高的材料制作

5. 架空管道和管道与设备连接处或穿墙处，既要牢固连接以防滑落掉下，又要采用软接触以防管道拉断

◎ 图 3.3-16　地震地区的场地设计的五个要点

> 基本几何形态是构成建筑平面最简洁的几何形态，具有单纯、完整、直观、简单、易识别的特点。

3.3.3 建筑平面的几何形态

1. 基本几何形态

基本几何形态是构成建筑平面最简洁的几何形态，具有单纯、完整、直观、简单、易识别的特点。常用的基本几何形态有圆形、矩形、正方形等。如图 3.3-17 所示为南非西萨默塞特基督教堂及其平面图，其在原有教堂的基础上扩容了一倍，以容纳不断增长的会众。为此，设计师开发了一个嵌入方形的圆，与周围的方形形成空间平衡。圆形空间的垂直尺寸非常引人注目，使其具有独特的存在感。

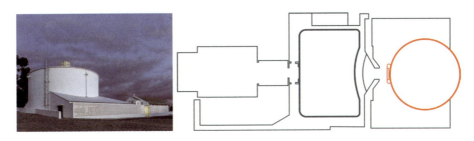

◎ 图 3.3-17 南非西萨默塞特基督教堂及其平面图

2. 基本几何形态的变形与组合

（1）渐变是指围合几何形态的线在长度、宽度、夹角、曲率等方面按照一定方向、一定比例有规律地变化，如圆形变为椭圆形、正方形变为平行四边形等。

（2）弯扭是指几何形态在曲率、角度上的整体变化，如矩形弯成弧形，再扭曲为 S 形。如图 3.3-18 所示为 2015 年米兰世博会阿联酋馆入口，由两面 12 米高的波状墙构成。

（3）伸展是指几何形态在一边或数边向形态外侧平行扩展，如三角形和正五边形伸展为Y形，正方形伸展为十字形，六边形伸展为X形。

（4）错叠是指将相同或不同的几何形态错位相叠，如两个矩形错叠后，重合部分是矩形；三角形和正方形错叠，重合部分是四边形；两圆错叠后形成环。

（5）压位是指在基本形态边线的某点上加"力"，向基本形态内部压或外部拉而产生形变（见图3.3-19）。

（6）群化是指将相同或不同的若干基本形态有序地组合在一起，形成新的形象（见图3.3-20）。如三角形和两个梯形的组合、两个形状大小相同的三角形与平行四边形的组合、三个矩形的组合等。

◎ 图3.3-18　米兰世博会阿联酋馆入口

◎ 图3.3-19　银川当代美术馆

◎ 图3.3-20　中国国际建筑艺术实践展四号住宅

3. 基本几何形态的分割

基本几何形态的分割包括对基本几何形态的切割和剪切组合两个方面。

（1）切割是指用直线、凸线、凹线对几何形态的局部切割，如正方形切去一角变为五边形，完整的圆形切去四分之一成270°的扇形。

（2）剪切组合是指基本几何形态在"剪刀"的作用下错位变形（见图3.3-21），如正方形通过剪切组合成为错位连接的两个矩形，圆形通过剪切组合成为错位连接的两个半圆形。

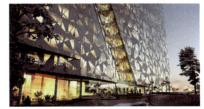

◎ 图3.3-21 挪威Barcode B.10.1办公楼

3.3.4 建筑平面的组合方式

1. 走廊式组合

走廊式组合（见图3.3-22）是指在走廊的一侧或双侧布置功能用房的建筑平面组合方式。各个功能用房相对独立，由走廊将它们串联在一起。走廊式组合根据走廊与功能用房的位置关系划分为外廊式组合、内廊式组合、沿房间两侧布置走道三种情况。常见的建筑类型有教学楼、办公楼等。

◎ 图3.3-22 同济大学浙江学院图书馆

2. 套间式组合

套间式组合（见图3.3-23）是指空间之间按照一定的序列关系连通起来的建筑平面组合方式，这种组合方式可以减少交通面积，使平面布局更为紧凑，空间联系更为方便，但各个空间之间存在相互干扰的可能。常见的建筑类型有住宅、展览馆、车站等。

◎ 图3.3-23　赫尔辛基古根海姆美术馆优胜方案

3. 大厅式组合

大厅式组合（见图3.3-24）是指在建筑中设置用于人员集散的较大的空间，以大厅式的空间为中心，在其周围布置其他功能用房，该空间使用人数多、尺度较大、层高较高。常见的建筑类型有火车站、影剧院、体育场馆等。

◎ 图3.3-24　上海虹桥国家会展中心

4. 混合式组合

混合式组合（见图 3.3-25）是指在建筑平面设计中综合运用了以上两种或三种平面组合方式。这种建筑平面组合方式常见于大中型建筑平面设计中。

◎ 图 3.3-25　北京四中房山校区

第 4 章
建筑造型的艺术设计

4.1 建筑造型的构思方法

建筑造型设计涉及的因素较多，是一项艰巨的创作任务。理想的设计方案是在对各种可能性的探索、比较中产生和成熟起来的。

建筑造型的创作关键在于构思。成功的创作构思看似成于一旦，实则源于对建筑本质的精谙、坚实的美学素养与广泛的生活实践。

1. 反映建筑内部空间与个性特征的构思

不同类型的建筑会有不同的使用功能，而不同的使用功能所组合的建筑内部空间也会不同，也正是这些不同的功能与空间奠定了建筑的个性，也可以说，一幢建筑物的个性特征很大程度上是功能的自然流露。因此，对于设计者来说，要采用那些与功能相适应的外形，并在此基础上进行适当的艺术处理，从而进一步突显建筑个性特征使其有效地区别于其他建筑。

如图4.1-1所示为杭州黄龙体育中心游泳跳水馆，其建筑轮廓依据内部空间关系自然形成高低起伏的整体形态，并通过立面檐口的自由曲线造型呈现一种未来建筑般的"漂浮感"。游泳跳水馆圆润流畅

> 造型设计是在内部空间及功能合理设置的基础上，在技术条件的制约下处理基地情况与四周环境的协调。对整体、局部及各细部，按一定的美学规律加以处理，以求得完美的艺术形象。

的自然形态，在视觉上让人联想到泳池中此起彼伏的波浪，建筑外部形态成为内部功能的直观反映，进一步增强了建筑的可读性。

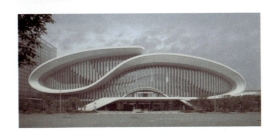

◎ 图 4.1-1　杭州黄龙体育中心游泳跳水馆

2. 反映建筑结构及施工技术特征的构思

各种建筑功能都需要有相应的结构方法来提供与其相适应的空间形式，如为获得单一、紧凑的空间组合形式，可采用梁板式结构；为适应灵活划分的多样性空间，可采用框架结构；各种大跨度结构则能创造出各种巨大的室内空间，特别是一些大跨度高层结构形式，往往具有一种特殊的"结构美"，如适当地展示出来，会形成独特的造型效果。因此，从结构形式和施工技术开始构思，也是目前非常普遍的建筑造型创作思路。

如图 4.1-2 所示为挪威波什格伦教堂，这座教堂是在波什格伦教堂的旧址上建造的，原先的教堂在 2011 年不幸被大火烧毁。原先的教堂基于清晰的 4.8m×4.8m 正方形模块和 4.8m×2.4m 的半模

◎ 图 4.1-2　挪威波什格伦教堂

第 4 章　建筑造型的艺术设计　135

块而建造。新的教堂仍然以该模块为基准，在比例、规模和与墓地的关系上均与旧教堂的尺寸形成呼应。教堂包含 11 个主要的体量，围绕着核心区域分布。这些体量同时扮演着承重结构，并通过横梁来连接所有的屋面。

3. 反映不同地域与文脉特征的构思

世界上没有抽象的建筑，只有具体地区的建筑，建筑是有一定地域性的。受所在地区的气候条件、地形条件、地貌特征等自然条件和城市已有的建筑地段环境的制约，建筑会表现出不同的特点。如南方建筑注重通风，追求轻盈通透；而北方建筑则显得厚重沉稳，追求对称持重。建筑的文脉则表现在地区的历史、人文环境之中，强调传统文化的延续性，即一个民族或一个地区的人们长期生活形成的历史文化传统。

如图 4.1-3 所示为台州临海余丰里民宿，它由一座具有 100 多年历史的四合院、两栋 60 年历史的砖混工业用房，以及两栋 30 多年历史的旧仓库组成。设计师以"时空回廊"作为改造理念的主线，串联起场地现有清末民初、新中国成立后和改革开放三个不同历史时期的建筑。对于有 100 多年历史的四合院，修旧如旧，尽可能还原属于历史院落的

◎ 图 4.1-3　台州临海余丰里民宿

样貌，在细节上保留曾经的"当铺记忆"，再为其注入新的生命力；对于有 60 年历史的两幢工业遗存建筑，保留一部分历史和工业痕迹，在整体建筑修缮的同时，通过局部加入当代空间元素，产生一种戏剧化的空间对话；对于有 30 多年历史的仓库建筑，在保留建筑原有框架的基础上，进行较大幅度的创新动作，从外观便以锈金属板凸现，让建筑透出更多现代的气息。三种不同年代建筑的交织，在内庭院环绕，展现出三种不同历史风貌并存的"时空回廊"。

4. 反映基地环境与群体布局特征的构思

除功能外，地形条件及周围环境对建筑形式的影响也是一个不可忽视的重要因素。如果说功能是从内部来制约形式的，那么地形便是从外部来影响形式的。一幢建筑之所以设计成某种形式，追根溯源，往往都和内、外两方面因素的共同影响有着密切的关系。因此，一些特殊的地形条件和基地环境常成为建筑构思的切入点。

如图 4.1-4 所示为美国 Gemma 观星台，其设计一反天文建筑物传统的穹顶形状，倾向于一种更加综合的建筑形式，在最大化建筑使用空间的同时让建筑响应周围的基地环境。其连续的多面体外形反映出周遭地形，阶梯状

◎ 图 4.1-4 美国 Gemma 观星台

的混凝土平台作为建筑地基与山顶的基岩之间的过渡，很好地将自然景观和人造景观连接在一起。建筑的尺寸、颜色和表面的金属氧化层无不体现出一种与周围露出的花岗岩在外形和材质层面的相似，同时金属外壳优秀的热传导能力能够在最大限度上减少由温差带来的建筑

> 象征是把人们熟悉的某种事物，或带有典型意义的事件作为原型，经过概括、提炼、抽象，成为建筑造型语言，使人联想并领悟到某种含义，以增强建筑感染力。

> 隐喻是利用历史上成功的范例，或人们熟悉的某种形态，甚至历史典故，择取其某些局部、片段、部件等，重新加以处理，使之融于新建筑形式中，借以表达某种文化传统的脉络，使人产生视觉心理上的联想。

形变，这有利于提高天体观测的精度。

5. 反映一定象征与隐喻特征的构思

在建筑设计中，把人们熟悉的某种事物，或带有典型意义的事件作为原型，经过概括、提炼、抽象，成为建筑造型语言，使人联想并领悟到某种含义，以增强建筑感染力，这就是具有象征意义的构思。隐喻则是利用历史上成功的范例，或人们熟悉的某种形态，甚至历史典故，择取其某些局部、片段、部件等，重新加以处理，使之融于新建筑形式中，借以表达某种文化思想、人文符号或特定寓意，使人产生视觉心理上的联想或触动。象征和隐喻都是建筑构思常用的手法。

如图 4.1-5 所示为宜兰礁溪长老教会，因该地夏季炎热潮湿、冬季寒冷多雨，建筑师使用下面的四个立方体支撑上面的大厅，符合《圣经》中描述的"上帝的圣殿建在顶部"。大厅内部使用木材结构创建一个蛋形空间，象征着孕育生命的母亲子宫。在

◎ 图 4.1-5　宜兰礁溪长老教会

屋顶上设置了七个通风机，象征圣经中的"七日"，它们具有调节温度的功能。光线像柔和的阴影一样穿过格栅，给人们以在树林和旷野中祈祷和朝拜的感受。

4.2 建筑体形和立面设计的美学原则

建筑构思需要通过一定的构图形式才能反映出来，建筑构思与构图有着密切的联系，在建筑造型创作中应是相辅相成的，但在现实创作中并非如此简单，有时想法（构思）很好，但所表现出来的形象（构图）并不能令人满意。反之，有时许多建筑虽然大体上都符合一般的构图规律（如统一、变化、对比、韵律……），但并不能表达任何美感。这说明构思再好，还有表现方法的问题、途径选择的问题、建筑美学观认识的问题；运用同样的构图规律，在美的认识上、艺术的格调上、意境的处理上还有正谬、高低、雅俗之分，建筑形象的思想性与艺术性结合的奥秘就在于此。

建筑构图是研究建筑形式美的规律与方法，它应以建筑构思为基础，通过形式美的原则来研究建筑造型问题，但随着当今社会审美认识的不断演变和发展，以及构成学、格式塔心理学等一系列造型方法在建筑造型上的应用，新的造型方法还会不断涌现。因此形式美的规律虽有自己一系列的研究范畴，但它不能解决建筑设计和美学上的一切问题，建筑构图是建筑造型的基础，是建筑设计中的重要组成部分，同时也是具有相对独立性的一门系统科学——建筑构图学。建筑构图包括平面构图、形体构图、立面构图、室内空间构图及细部装饰构图等方面，并统一于整个建筑设计之中。虽然在处理不同类别的构图时，各有特点和侧重，但构图的基本原理都是一致的，现择其要点述之。

4.2.1 统一与变化

建筑物在客观上存在着统一和变化的因素，譬如一幢宿舍，其中许多寝室都是一些功能性质相同的房间，而其中盥洗室、卫生间则具有不同的性质；又如一幢教学楼，许多教室一般也是相同的，而其中办公室和辅助房间则具有不同的性质。对于性质相同的使用空间，一般在层高、开间或门窗等其他装修方面采用统一的处理方式；而对于性质不相同的使用空间，则有不同的要求和处理方式。又如建筑中的楼梯平台常和一般房间相差半层。凡此种种在立面上都会反映出统一或变化的形式来。此外，为了有利于工业化的生产，也要求建筑结构的设计尽可能地采用统一构件和统一做法，这些统一因素在外形上也必然会反映出来；再回到整体角度，就整个建筑总体来说，其是由一些门窗、墙柱、屋顶、雨篷及阳台、凹廊等各个不同部分组成的，这些不同的内容和形式在外形上也必然会反映出多样性和变化性，因此，如何处理好统一与变化之间的相互关系就成为建筑构图中的一个非常重要的问题。所谓"多样统一""统一中有变化""变化中求统一"，都是为了取得"整齐简洁而又免于单调呆板"，同时"丰富而不杂乱"的完美的建筑形象。

如图 4.2-1 所示为葡萄牙 1000 平方米的预制小屋。六间 45 平方米的小屋由于功能需求的不同，每间都设置了各自独立的入口，并利用地势上的自然斜坡将它们分别放置在了不同的高度上。

 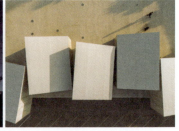

◎ 图 4.2-1　葡萄牙 1000 平方米的预制小屋

统一与变化不仅是建筑构图的重要原则，而且是其他艺术处理的一般原则，因此具有广泛的普遍性和概括性，许多其他建筑构图原则都可以作为达到统一与变化的手段。例如，建筑构图中的"对位"和"联

> 体形设计应考虑建筑的个性特点和平面空间组合时的各种因素，将建筑内外空间组合出不同的方向与形状差异，从而进行大与小、高与低、横与竖、曲与直、虚与实等不同元素间的对比，以获得良好的统一与变化。

系"常作为实现统一的手段，因为"对位"和"联系"一般是通过轴线关系反映出来的，没有对位，取得联系就较困难，没有一定的联系，也很难达到统一；反之，与"对位"和"联系"相对的概念，即"错位"和"分隔"常作为统一中取得变化的手段，如西班牙加泰隆尼亚的已故建筑师安立克·米拉耶斯（Enric Miralles）所设计的苏格兰议会大厦（见图4.2-2），立面的透空隔板与木质实面隔板及隔板上的装饰金属杆，各自都在上下左右形成"对位"与"错位"，达到了"在统一中变化"的效果。

◎ 图 4.2-2　苏格兰议会大厦

4.2.2　对比与微差

组成整体的各要素之间的细微差异称为微差。对比是指显著的差异，微差则是不显著的差异。对比借助相互之间的烘托、陪衬突出各自的特点，微差借助彼此之间的连续性达到协调。

体形设计应考虑建筑的个性特点和平面空间组合时的各种因素，将建筑内外空间组合出不同的方向与形状差异，从而进行大与小、高与低、横与竖、曲与直、虚与实等不同元素间的对比，以获得良好的统一与变化。

体形组合设计的对比与微差主要体现在以下两个方面。

1. 方向的对比

方向的对比是体形对比中最基本的手法，通常会有体形在前后、左右、横竖三个方向上的对比与变化。巴西利亚国会大厦（见图 4.2-3）这一经典之作的成功，关键在于建筑体形的有机组合，建筑主体与裙房，一竖一横，产生了极强烈的对比，同时又采用两个半球体以一正一反的不同方向及一直一曲的形状对比，获得了极佳的统一与变化。

◎ 图 4.2-3　巴西利亚国会大厦

2. 形状的对比或微差

在方向对比的基础上，设计者可根据建筑物的个性特点，运用体形在形状上的变化来产生相互间的对比或微差。这里所言的形状，除了最简单的矩形，还有圆球形、椭圆形、锥体及不同的多边体等，追求一种对比以及和谐统一的变化。

如图 4.2-4 所示为河北邢窑博物馆，其对公众开放的展览空间像七件质朴的瓷器，漂浮在水面之上。

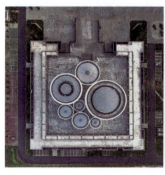

◎ 图 4.2-4　河北邢窑博物馆

> 人类的建筑实践活动,不仅使建筑中的节奏与韵律之美得以产生,而且使之获得丰富的内涵和相对独立的审美价值及意义。

4.2.3 节奏与韵律

建筑艺术作为一种综合的艺术形式,与音乐、诗歌及舞蹈等其他艺术门类有很多相通之处。著名建筑学家梁思成在《建筑与建筑的艺术》一文中曾以北京广安门外的天宁寺塔为例,分析了建筑在垂直方向上的节奏与韵律。他写道,"按照这个层次和它们高低不同的比例,我们大致(只是大致)可以看到(而不是听到)这样一段节奏。"

节奏与韵律是建筑形式美的重要组成部分,是人类在长期从事建筑实践活动中审美意识的积淀和升华。人类的建筑实践活动,不仅使建筑中的节奏与韵律之美得以产生,而且使之获得丰富的内涵和相对独立的审美价值及意义。节奏是建筑形式要素有规律的、连续的重复,各要素之间保持相对稳定的距离与关系。韵律是指建筑形式要素在节奏基础之上的有秩序的变化——高低起伏,婉转悠扬,富于变化美与动态美。节奏是韵律的纯化,它充满了情感色彩,表现出一种韵味和情趣。只有节奏的重复而无韵律的变化,作品必然单调乏味;单有韵律的变化而无节奏的重复,又会使作品显得松散而零乱。建筑艺术当中的协调与变化离不开节奏与韵律的相互渗透和统一。

总之,虽然各种韵律所表现出的形式是多种多样的,但是它们之间却都有一个如何处理好重复与变化间关系的问题。而建筑中的韵律形式大体可分为以下四种。

1. 连续的韵律

连续的韵律的构图手法强调运用一种或几种组成要素,使之连续且重复地出现,产生韵律感。如图 4.2-5 所示为岳阳民用机场航站楼。

航站楼创新性地采用PTFE拉膜结构创造出独一无二的现代航空港造型，钢结构梭柱与白色拉膜的组合将岳阳的传统景点——潇湘八景之一的"远浦归帆"的意境以现代建筑的方式重新演绎。

◎ 图 4.2-5　岳阳民用机场航站楼

2. 渐变的韵律

渐变的韵律的构图特点是将某些组成要素，如体量的大小高低、色调的冷暖浓淡、质感的粗细轻重等，做有规律的增强与减弱，以形成统一和谐的韵律感，例如"又见敦煌"剧场（见图 4.2-6）。我国古塔建筑的体形变化就是运用相似的每层檐部与墙身的重复与变化而形成的渐变韵律，使人感到既和谐统一又富于变化。

◎ 图 4.2-6　"又见敦煌"剧场

3. 起伏的韵律

起伏的韵律虽然也是将某些组成部分做有规律的增减变化所形成

的韵律感，但是它与渐变的韵律有所不同，其在体形处理中，更加强调某一因素的变化，使体形组合或细部处理得高低错落，既具活力又显生动（见图4.2-7）。

4. 交错的韵律

交错的韵律是指将各种造型因素，如体量的大小、空间的虚实、细部的疏密等做有规律的纵横交错、相互穿插的处理，形成一种层次丰富的韵律感。如图4.2-8所示为苏州太湖新城吴郡幼儿园，在其建筑外立面上实现了丰富的层次变化和细节效果。

◎ 图4.2-7 约旦Ayla高尔夫俱乐部

◎ 图4.2-8 苏州太湖新城吴郡幼儿园

大、小形体的交错，体现楼层变化的凹槽和突出线条，条窗的勾边等细节，都体现了建筑师对材料的精致表达。另外，在色彩设计上，园中主体的基本教学单元上下三层叠加在一起，组成一个着色单元，相邻的单元用不同的颜色区分。在东西侧面上用主色调的浅色点缀，并用同色系的着色立杆来勾勒条窗。色彩效果丰富而不杂乱。

从上述的节奏和韵律变化中可以看到，建筑的韵律美一方面是通过建筑的细部处理（如窗形、线角、柱式等装饰手法）来表现的；另一方面是从结构与形式的完美结合中体现的。建筑师在努力创造建筑韵律美的同时，更应着眼于正确表达力学概念与结构原理的适用性，充分发挥材料的性能与潜力，创造出能够直接显示结构的"自然力流"的形态，把结构形式与建筑空间、艺术造型紧密地结合在一起。古埃及、古希腊石梁柱结构的神庙，古罗马的拱券结构，哥特教堂的尖拱与飞券，以及中国古代的木构与斗拱所表现出来的富有变化的古典韵律依托于结构形式，在荷载合理传递的过程中美化结构构件，它们体现出来的建筑韵律美单从艺术角度上看是近乎完美的。

通过各种现代科技手段使建筑韵律美及其他建筑形式美自然显露出来并具有美学意蕴，应该是当代建筑师不断探索并努力追求的方向。建筑作为人类居住环境的基本构成部分，直接影响着我们的城市面貌，节奏与韵律的变化不单单适用于建筑单体设计，也同样适用于城市环境设计。在经过了追求"实用"、追求"艺术"，以及追求"空间"等几个阶段之后，建筑学的发展正向"环境建筑学""生态建筑学"的阶段发展。如何科学、规律地构筑城市和乡村并使之适应城市化、现代化的进程，使人类生存环境得到均衡、可持续的发展是时代赋予建筑师的神圣历史使命。

建筑的节奏与韵律之美需要我们不断发现、鉴赏与领悟，并利用这些规律去指导我们的建筑创作，使建筑与城市真正成为生态、有机的整体，成为大自然的组成部分。

4.2.4　比例与尺度

1. 比例

比例是指长、宽、高三个方向之间的大小关系。无论是整体或局部，还是整体与局部之间、局部与局部之间，都存在着比例关系。良好的比例能给人以和谐、完美的感受；反之，比例失调就无法使人产生美

> 比例是指长、宽、高三个方向之间的大小关系。无论是整体或局部，还是整体与局部之间、局部与局部之间，都存在着比例关系。良好的比例能给人以和谐、完美的感受。

的享受。一般来说，抽象的几何形状及若干几何形状之间的组合，处理得当就可获得良好的比例从而易于为人们所接受。如圆形、正方形、正三角形等因具有肯定的外形而容易引起人们的注意；"黄金分割率"的比例关系（即长宽之比为 1∶1.618）要比其他分割率好；大小不同的相似形，它们之间对角线互相垂直或平行，会因"比率"相等而使比例关系协调（见图 4.2-9）。

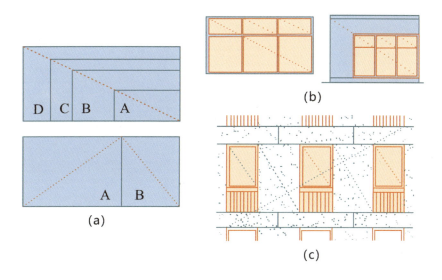

◎ 图 4.2-9　用对角线互相重合、垂直及平行的方法
使窗与窗、窗与墙之间保持相同的比例关系

如图 4.2-10 所示为江苏马家垄村民活动室，其屋顶是调节建筑比例并影响空间的重要构件，飞扬的延伸和倾斜的切角最终构建出了一个连接建筑和广场的灰空间，它延展了内外的空间，让建筑变得开放，并为村民活动室提供了另一个层面上的使用可能。

> 尺度，通俗地讲，就是某一建筑物的整体或局部给人感觉上的大小与其真实大小之间的关系。

◎ 图 4.2-10　江苏马家垄村民活动室

2. 尺度

尺度是指建筑物整体或局部与人或某一物体之间在度量关系上存在的一种制约关系，通俗地讲，就是某一建筑物的整体或局部给人感觉上的大小与其真实大小之间的关系。

相同比例的建筑整体或局部，在尺度上可以处理成不同的效果。

根据这一特性，设计师们针对建筑性格和体形大小等因素，通常会设计出自然、亲切或夸张三种不同尺度，来分别处理不同的建筑立面。

（1）自然尺度就是最常见的尺度，其建筑体量或门、窗、门厅和阳台等各构（部）件均按正常使用的标准大小而确定。民用建筑中的住宅、中小学校、旅馆或生产车间等建筑常运用自然尺度的处理形式（见图 4.2-11）。

◎ 图 4.2-11　美国 G5 酿造公司的生产车间

（2）亲切尺度是在自然尺度的基础上、保证正常使用的前提下，将某些建筑的体量或各构（部）件的尺寸特意缩小一些，以体现一种小巧和亲切的感觉。中国古典园林特别是江南园林建筑，常运用这一手法，以强调私家园林建筑固有的小巧玲珑和秀丽细致的特质（见图4.2-12）。

（3）夸张尺度与亲切尺度相反，是将建筑整体体量或局部的构（部）件尺寸有意识地放大，以追求一种高大、宏伟的感觉，例如，国家、地方级政府办公大楼，作为公权力象征的公安、法庭建筑，作为国民财力象征的金融类建筑及一些规模较大的车站、交通建筑等。另一类夸张尺度则多用于美术馆、艺术馆、博物馆等，用以强调其独有的个性，如图4.2-13所示的美术馆。

◎ 图4.2-12　扬州个园

◎ 图4.2-13　未来主义风格的格拉茨美术馆

4.2.5　联系与分隔

联系与分隔也是取得统一和变化的重要手段。为了彼此协调、统

一、呼应，从而形成一个完整的、不可分割的统一整体，在建筑整体与局部之间、局部与局部之间、这一部分构件与那一部分构件之间，常常需要采取一定的联系处理手法。联系的处理手法通常有两种。

（1）通过第三者作为联系的手段，如体积之间的联系常通过"过渡体"的连接实现，以形成统一的整体。也有许多建筑利用廊子把不同大小分散的体积联系成整体，许多沿街的底层商店常常起到联系居住建筑群的作用。在立面处理上常利用水平或垂直构件，如遮阳板、窗台线、其他装饰杆件和脚线，使立面上各部分取得联系，并强调水平或垂直方向的效果（见图 4.2-14）。

◎ 图 4.2-14　法国 L'Arbre Blanc 公寓

（2）通过建筑某部分或某构件自身在色彩、造型、材料或构造做法等方面的某些相同处理，使彼此产生共同点，从而达到相互呼应、协调、联系的效果。如果把第一种联系方式称为外在联系，那么，这种联系方式可称为内在联系。内在联系不以第三者为联系手段，正是由于这类联系性，统一性才具有韵律美的可能。外在联系常常要求构件之间取得一定的对位，而内在联系则和对位无关（见图 4.2-15）。

◎ 图 4.2-15　马斯达尔学院建筑

与联系的概念相反的就是分离、分隔，作用是使彼此脱离关系，避免在各部分之间产生混乱现象而影响建筑的完整性。通过分隔也常常获得对比效果，从而使统一中有变化。

如图4.2-16所示为广州万科云办公总部。这里是一个创意设计公社，人们喜欢仓库空间的类型。因此，为了在类似于低层工厂厂房的高层建筑中实现街道上的公共空间，设计师将该建筑物的一个"大核心"分解为几个"小核心"，以便将建筑物的原始"坚固核心"变为"空心"，并有更多空间填充建筑物场地。原始的单调隔离地板创建了空间关系，较低楼层的街道公共空间出现在较高楼层的结构中，而内部办公空间也具有自然采光和通风条件，每层的大平坦地板可以增加一倍的侧面光线。

◎ 图4.2-16　广州万科云办公总部

4.2.6　均衡与稳定

均衡与稳定，首先必须保证有一个良好的均衡。具有重量感的建筑体一旦失去均衡，稳定就无法保证，在审美视觉上也会给人不快的感觉。

一提到均衡，就会使人联想到力学中杠杆的平衡，如图 4.2-17 所示为不同形式的均衡情况。但是，建筑造型中的均衡必须从体形的前后左右等各向度综合考虑。

（1）支点位于中点，左右两侧同形等量，可形成绝对对称的均衡。

（2）支点位于中点，左右两侧等量而不同形，可形成基本对称的均衡。

（3）左右两侧同形而不等量，支点略偏于一侧，形成基本不对称的均衡。

（4）左右两侧既不同形也不等量，支点偏于一侧，形成绝对不对称的均衡。

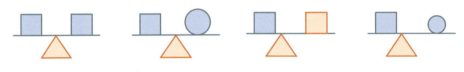

◎ 图 4.2-17　不同形式的均衡

均衡的中心，往往也是人们视线的焦点，因此，建筑物的均衡中心位置必须进行重点处理。求得均衡与稳定协调统一的方式有以下几种。

1. 以对称的均衡求得统一与稳定

以对称的均衡求得统一与稳定，在中外古典建筑中运用得很多。中轴线两侧保持着严格的相互制约关系，因而能达到统一与稳定的效果。

如图 4.2-18 所示为俄罗斯伊萨基耶夫教堂，其因严格的中轴对称形式求得了均衡，又运用主从分明、上小下大等手法，显示出了庄严雄伟的气氛，从而获得了绝对的统一与稳定。在现代建筑中，也时常会运用这一手法，给人以大气、庄重、稳定的感觉。

2. 以不对称的均衡求得统一与稳定

对称的形式确实比较容易产生稳定感，但是，由于现代建筑多功能的使用要求及地形的复杂性，其平面形式也更加灵活多样，于是就出现了很多非对称的均衡。这种形式的均衡同样能体现出各组成部分之间在重量感上的相互制约关系，从而达到统一与稳定的效果（见图4.2-19）。

3. 以新技术带来的新均衡求得统一与稳定

随着新型建筑材料与技术的发展，人们的审美意识也发生了相应的变化，很大程度上摆脱了传统意义上的上小下大的审美观，一种上大下小、上实下虚的新的稳定感得到了发展。如图4.2-20所示为美国密尔沃基市美术馆，其设计充

◎ 图4.2-18　俄罗斯伊萨基耶夫教堂

◎ 图4.2-19　"蓝玻璃"大厦

◎ 图4.2-20　美国密尔沃基市美术馆

分发挥了钢筋混凝土材料的特性和先进的技术，有机地将巨大的双翼般会转动的遮阳百叶设置于建筑顶部，展示出上大下小的稳定感。

4.3 建筑体形设计

体形是指建筑物的轮廓形状，它反映了建筑物总的体量大小、组合方式及比例尺度等。而立面包含建筑物的门窗组织、比例与尺度、入口及细部处理、装饰与色彩等。体形和立面是建筑相互联系不可分割的两个方面。在建筑外形设计中，体形是建筑的雏形，立面设计则是建筑物体形的进一步深化。

4.3.1 两种主要的体形组合类型

1. 单一体形

单一体形是将复杂的内部空间组合到一个完整的体形中去。外观各面基本等高，平面多呈正方形、矩形、圆形、Y形等。这类建筑的特点是没有明显的主从关系或组合关系，造型统一简洁、轮廓分明，给人以鲜明而强烈的印象（见图4.3-1）。

◎ 图4.3-1　法国卢浮宫

2. 组合体形

（1）对称的体形具有明确的中轴线，建筑物各部分的主从关系分明，形体比较完整，给人以端正、庄严的感觉，多为古典建筑所采用。一些纪念性建筑、大型会堂等，为了使建筑物显得庄重严谨，也经常采用对称的体形（见图 4.3-2）。

（2）不对称的体形的特点是布局比较灵活、自由，能适应各种复杂的功能关系和不规则的基地形状，在造型上容易使建筑物取得轻快、活泼的表现效果，常被医院、疗养院、园林建筑、旅游建筑等采用。

◎ 图 4.3-2　成都大学新图书馆

如图 4.3-3 所示为昆明山海美术馆。在连续的标高变化中，被拆解的美术馆空间嵌套在"∞"形的游走路径之上，或并置，或串接。通过塑造不同点位的框景，使展陈与环境叠加相融。

◎ 图 4.3-3　昆明山海美术馆

4.3.2　体形转折

体形转折主要是指建筑物顺道路或地形的变化做曲折变化，例如街角建筑（见图 4.3-4）。

◎ 图 4.3-4　街角建筑

4.3.3　体量的联系与交接

（1）直接连接的体量，具有体形分明、简洁、整体性强的优点，常用于功能要求上各房间联系紧密的建筑。

（2）咬接即各体量之间相互穿插，体形较复杂，但组合紧凑，整体性强，较直接连接易于获得有机整体的效果，是组合设计中较为常用的一种方式。

（3）以走廊或连接体相连的各体量之间相对独立而又互相联系，走廊的开放或封闭、单层或多层，常随使用功能、地区特点、创作意图而定。

如图 4.3-5 所示为加利福尼亚大学迪威斯社会科学与人文科学教学楼，长条形的水平体块在建筑群中起主导作用。

◎ 图 4.3-5　加利福尼亚大学迪威斯社会科学与人文科学教学楼

> 立面设计的主要研究对象：不同部件在立面上所反映的几何形线，它们之间的比例关系、进退凹凸关系、虚实明暗关系、光影变化关系及不同材料的色泽、质感关系等。

4.4 建筑立面处理

如图 4.4-1 所示为建筑立面处理的六个方面。

◎ 图 4.4-1　建筑立面处理的六个方面

4.4.1 立面设计的空间性和整体性

立面设计是立面设计师在符合功能性需求和结构构造性需求的基础上，对建筑空间造型的进一步美化，反映在立面的各种建筑物部件上，诸如门窗、墙柱、雨棚、檐口、屋顶、凹廊、阳台等都是立面设计的主要依据和凭借因素。这些不同部件在立面上所反映的几何形线和它们之间的比例关系、进退凹凸关系、虚实明暗关系、光影变化关系及不同材料的色泽、质感关系等是立面设计的主要研究对象。一般在建筑物立面图中包括建筑正面、背面和两个侧面的造型设计，这是为了满足施工需要按正投影方法绘制的。但是实际上，我们所看到的建筑物都是透视效果下的，因此除了在建筑物立面图上对造型进行仔细推敲，还必须对实际的透视效果或模型加以研究和分析。例如，各个立面在图纸上经常是分开绘制的，但在透视效果上经常同时看到的是两个面或三个面。又如，雨棚、阳台底部在立面图上反映为一条线，而实际上经常可以看到雨棚或阳台的底面。对于山地建筑，由于地形高差，提供的视角范围更是多种多样。在居高临下的俯视情况下，屋顶或屋面的艺术造型就显得十分重要。

由于透视的遮挡效果及不同视点位置和视角的关系，透视效果和立面图上所表现的也有很大出入，因此建筑艺术的空间性要求在立面设计时，从空间概念和整体观念出发来考虑实际的透视效果，并且应根据建筑物所处的位置、环境等方面的不同，把人们最多、最经常看到的建筑物在视角范围内的部分，作为立面设计的重点，按照实际存在的视点位置和视角来考虑建筑物各部位的立面处理。

建筑物不同方向相邻立面关系的处理是立面设计中的一个比较重要的问题，如果不注意相邻立面的关系，即使各个立面单独看来可能较好，但联系起来看就不一定好，这在实践中是不少见的。对相邻立面的处理方法一般常用统一或对比、联系或分割的处理手法。采用转角窗、转角阳台、转角遮阳板等就是使各个面取得联系的一种常用的方法，以便获得完整、统一的效果。有时甚至可以把许多立面联系起来处理以达到完整、统一、简洁的造型艺术效果。分割的方法比较简单，两个面在转角处做完善清晰的结束交代即可，并常以对比方法重点突出主立面。

如图 4.4-2 所示为法国巴黎某公寓楼。螺旋上升的露台从各个角

◎ 图 4.4-2　法国巴黎某公寓楼

度上为住宅内部获取阳光，为这个分层布置的住宅楼增加了诱惑力，并给人们留下了"渐进转化"的印象。这个建筑结构是一个单元堆放在另一个单元上面的形式，但是 200 个住宅单元都有自己强烈的、独特的个性，没有任何重复的感觉。

4.4.2　立面虚实与凹凸关系的处理

运用虚实与凹凸关系是对比手法中最常用的一种。在立面设计中：

（1）"虚"是指墙体中空虚的部分，主要由玻璃、门窗洞口、廊架及凹凸墙体在阳光作用下的阴影部分等形成，它能给人不同程度的空透、开敞或轻盈的感觉。

（2）"实"是指墙体中实体的部分，主要由墙体、柱子、阳台、栏板及凸出墙面的其他实体所组成，它给人不同程度的封闭、厚重、坚实的感觉。

立面设计必须巧妙地利用建筑物的功能特点，把上述要素有机组合在一起，把握好虚与实、凹与凸的对比与变化，从而得到和谐统一的效果。虚实结合，相互对比，成为建筑立面设计中运用最为广泛的手法之一。

如图 4.4-3 所示为西班牙索菲亚王后艺术歌剧院。设计师将整个建筑的外表采用半封闭半开放的手法有机地组合出不同的凹凸变化，在光影的作用下虚中有实，实中有虚，雕塑感十足。

◎ 图 4.4-3　西班牙索菲亚王后艺术歌剧院

4.4.3　立面线条的处理

虚实、凹凸面上的交界，面的转折，不同色彩、材料的交接，在立面上自然地反映出许多线条来。对庞大的建筑物来说，所谓线条一般还泛指某些空间实体，如窗台线、雨篷线、阳台线、柱子等。而对尺度较小的面，如小窗洞、挑出的梁头等，在立面上相对说来也不过是一个点而已。因此从某种意义上讲，整个建筑立面也就是这些具有空间实体的点、线、面的组合，而其中对线条的处理，诸如线条的粗细、长短、横竖、曲直、阴阳，以及起止、断续、疏密、刚柔等对建筑性格的表达、韵律的组织、比例的权衡、联系和分隔的处理等均具有格外重要的影响。

粗犷有力的线条，使建筑显得庄重豪放，而纤细的线条使建筑显得轻巧秀丽。还有不少建筑采用粗细线条结合的手法使立面富有变化，生动活泼。强调垂直线条给人以严肃庄重的感觉，强调水平线条给人以轻快的感觉。由垂直、水平线条组成均匀的网格，富有图案感；在垂直、水平线条中穿插一些折线，会使整个建筑更富有变化。曲线给人以柔和、流畅、轻快、活跃、生动的感受，这在许多薄壳结构的建筑中得到广泛应用。由连续重复线条组成的韵律在一般建筑中都有反映。由此可见线条在反映建筑性格方面具有非常重要的作用。

线条同时又是划分良好比例的重要手段。建筑立面上各部分的比例主要通过线条的联系与分隔反映出来。良好的比例是建筑美观的重要因素，但由于功能使用方面等原因，往往层高有高有低，窗子有大有小，如果不加以适当处理，就可能产生立面零乱的效果。有许多建筑通过在墙面上粉刷分割线的精心组织，改变各部分的细部比例，以达到良好的造型效果。

如图 4.4-4 所示为密歇根州立大学艺术博物馆。所有外表的褶皱都根据周围人行流线与交通流线生成——弯曲成三维空间来与人们的运动流线相适应，最后这些流畅连接的几何形体生成的内部空间在设计过程中被解读应用。在设计过程中，让周围景观和地形对建筑的肌理产生影响，使学校的不变语境镶入不断变化的展览建筑中，与周围环境产生紧密的内在联系。

◎ 图 4.4-4　密歇根州立大学艺术博物馆

4.4.4　立面色彩和质感的处理

设计建筑立面时，外墙饰面材料的选择是极为重要的。从美学角度来讲，色彩与质感的选择将直接影响到建筑外观的整体效果。大面积的外墙色彩在选择时，一般都以淡雅的色调为多。在此色调的基础上，再适当选择一些与其相协调或对比的色彩进行有机组合，从而获得良好的效果。因为材料的色彩与质感对视觉感受和随之而来的联想会产生非常大的影响。

从规划的角度来讲，某些建筑物应与四周的环境相协调，或者要反映出不同民族和地区的个性特点等，因此不仅在体形设计时要充分考虑，而且在色彩与质感的选择上也必须给予重点关注。如图 4.4-5 所示为韩国"俄罗斯方块"幼儿园。为了引入从南边照射的阳光，该幼儿园的每个屋顶都采用了透明的天窗设计，其屋顶被分成了许多块，看起来有些像俄罗斯方块中的元素。通过设计透明的彩色玻璃窗，尝试让孩子们亲身体验到颜色的变化和混合。

◎ 图 4.4-5　韩国"俄罗斯方块"幼儿园

4.4.5　立面重点处理

　　立面的重点处理应有明确的目的。例如，一般建筑物的主要出入口，在功能上需加强人们的注意，且在外观上也常做重点处理。此外，如车站的钟塔、商店的橱窗等，除了在功能上需要引人注意，还要作为该类建筑的性格特征或主要标志而加以特别强调。重点处理有利于反映建筑特点。某些建筑由许多不同大小的空间所组成，无论在功能上、体量上，都客观地存在明显的主次之分，因此在建筑的设计和构图时，为了使建筑形式真实地表达出主次，要突出其中的主要部分，加强建筑形象的表现力，自然地反映重点。另外，为了使建筑在统一中有变化以达到一定的美观要求，也常在建筑物的某些部位，如住宅的阳台、凹廊，公共建筑中的柱头、檐部、主要入口大门等处加以重点装饰。立面重点处理主要通过各种对比手法来实现，以充分引起人们的注意。

　　如图 4.4-6 所示为上海徐家汇中心，为增添建筑物的生态肌理，由超过一千块三角形平面玻璃组成的曲面天幕自一期购物中心的地面入口处展开，向上自由舒展，穿过三楼平台的办公楼大厅延展到室外露台。另外，建筑师选用的单元式幕墙系统分布在项目各立面，并对所有外部转角都做了细微的圆润处理，打破了办公大楼"四四方方"的造型定式。远远望去，整体立面设计明亮清澈，风格浑然一体，非常符合上海这座城市包罗万象的性格。

◎ 图4.4-6　上海徐家汇中心

4.4.6　立面局部细节的处理

局部和细部都是建筑整体中不可分割的组成部分，例如，建筑入口的局部一般包括踏步、雨篷、大门、花台等，而其中每一部分又都包括许多细部。建筑造型应首先从整体着眼，但并不意味着可以忽视局部和细部的处理，诸如墙面、柱子、门窗、檐口、雨篷、阳台、凹廊及其他装饰线条等，在比例、形式、色彩上都有值得仔细推敲的地方。例如，墙面可以选择多种不同材料、饰面、做法；柱子也可以采取不同的断面形式；门、窗在窗框、窗扇等划分设计方面的形式和种类繁多；阳台可以采用不同的形式，不同的扶手、栏杆、栏板等处理方式。凡此种种都应在整体要求的前提下，精心设计，才能使整体、局部和细部达到完整统一的效果。在某种情况下，有些细部的处理甚至会影响全局的效果。

如图4.4-7所示为法国建筑师让·努维尔设计的阿拉伯世界研究中心。该建筑的主要特征和创新元素是南立面上先进的响应式金属方格窗。努维尔对该系统的设计因其独创性和对阿拉伯建筑原型元素中东花格屏（mashrabiyya）的强化应用而广受好评。他从传统的格子窗中汲取了灵感，这种格子窗在中东地区已经使用了几个世纪，可以保护使用者免受强光照射并提供隐私空间。

◎ 图 4.4-7　阿拉伯世界研究中心

4.5　光与影的艺术表达

世界万物之所以能够显现，是因为有光的照射，随之产生的还有影。光影对于建筑物的重要性就好比音符对于音乐，动听的音乐需要相符的音符，高大的建筑物同样需要动感的光影，光影赋予建筑物生命。光影在西方先是被用于建筑物，之后被用于绘画，这对世界各地的设计师们影响很大。光影在东方先是被用于古典园林，随后在现代园林中也得到广泛使用。光影很好地承载了建筑物的内涵和意境，其艺术表达是未来设计发展的潮流趋势。

4.5.1　光影的概述

光一直陪伴着人类，使人类的日常生产活动得以正常运行。根据光产生方法的不同，可以分为人造光和自然光两种。人们通过各种技术创造发明了灯具，在没有自然光的时候用来照明。而自然光就像它的名字一样是自然生成的，是太阳光直射或穿透大气、云雾产生的。当光照射在不透明的物体上被遮挡住，就会出现影子。光和影是不可分割的，看到光必定会想到影。

光影设计受区域、文化和民族的限制比较少，为了达到一定的视觉效果，光影设计被广泛地应用。它可以使用不同的形态语言和色彩语言去展现各种各样的形式美。

4.5.2 光影的作用

1. 建筑与景观的融合

光影可以使建筑物刚性的线条变得柔和。光投在建筑物上的影子可以跟景观融合在一起产生种种美景。典型的江南园林建筑是通透轻盈的，当阳光照射在窗户、连廊和玻璃上，在室外林木的映衬下，光影被映入室内。现代高层建筑加入园林景观设计，正是利用了光影作用，使空间可以过渡自然，弱化了呆板的方形建筑，增强了视觉效果。

如图 4.5-1 所示为日本 HIDEOUT 展厅，其设计团队将设计重心放在屋顶，在屋顶上开了几个可以容纳树木的开口，以此来将建筑和谐地融入周边的樱桃树林中。阳光透过树叶洒落下来，这成了人们消遣放松的理想之地。

◎ 图 4.5-1　日本 HIDEOUT 展厅

2. 主题和意境的深化

光线可以传达某种感觉或观念，不同时间地点的光线不同，建筑设计师利用不同光线产生的明暗差异来展示景物的历史文化沉淀及主题和意境。质感可以表达建筑物设计的主题和意境，光可以实现这一效果，通过一些特殊的手法使视觉空间变大，丰富建筑物意境。

3. 空间和流线的塑造

古代设计者利用光影可以串联空间和营造空间，现在建筑物设计者借鉴前人的经验，提升了现代景观设计的内涵，串联了景观顺序。光影在空间中塑造了不同的虚实效果，并且能过渡自然。光影在空间塑造和流线引导中扮演了媒介的角色。

4.5.3 建筑物外部设计中光影的应用

光影可以利用光源类型和光照的角度、方向及建筑材质等完成对建筑外部形态的构造，使其产生多样化效果。光影塑造建筑物外形的效果是无可比拟的，它赋予建筑物灵魂和生命，能让人们真实地感受其一砖一瓦一草一木。光影对建筑物外形的塑造有很大的作用，可以表现在刻画建筑物细部、塑造建筑物体量和深化建筑物凹凸感等处。刻画建筑物细部可以表达出建筑表面材质的纹理和肌理，将建筑之美表现得淋漓尽致。

古今中外利用光影塑造建筑物外形的著名建筑物有很多，例如圣救世主教堂、镂空教堂等，这些建筑在光影的作用下将美诠释得淋漓尽致，其中以帕提农神庙最为著名（见图4.5-2）。

◎ 图4.5-2　帕提农神庙

帕提农神庙的墙体外面是柱廊，在阳光的照射下，明暗相间，韵味十足。柱廊上面有凹槽，经阳光照射，柱廊显得更加挺拔而富有质感。古希腊建筑物之所以闻名，很大一部分功劳来自对光影的运用。

现代光影建筑大师柯布西耶十分推崇古希腊建筑艺术，他认为优秀的建筑物必须是光影作用下的结晶。他非常重视光影对建筑物外形的塑造，设计出了昌迪加尔议会大楼（见图4.5-3）等优秀的建筑物。

◎ 图 4.5-3　昌迪加尔议会大楼

4.5.4　建筑物内部设计中光影的应用

建筑物空间是光影的载体，光影在不同的建筑物空间内营造的空间艺术也不尽相同，这是光影的独特性。

1. 常用的四种光影表现形式

如图4.5-4所示的四种光影表现形式被当代设计师广泛用于表达建筑物的内涵与意境。

①	使用聚光灯主要照亮空间中的某一个固定部分，使这一部分成为视觉焦点，达到突出这一部分的效果
②	把光影投射到墙面上，在视觉上出现空间变大和色彩丰富的感觉
③	为了出现分层的视觉效果，可以利用光的强弱和色彩的变化
④	利用光来引导人们的视觉顺序，让光动起来

◎ 图 4.5-4　常用的四种光影表现形式

> 光影对建筑物内部空间的塑造手段包括韵律、层次、对比强弱，以及明暗抑扬等。

通过这些，设计师们还发现了光影设计的一大创新，光影在流动的水中会出现比较特殊的效果，魅力无穷。

还是以法国建筑师让·努维尔设计的阿拉伯世界研究中心为例。他根据传统阿拉伯建筑的几何图案，设计出了一种类似相机快门的控光孔（见图 4.5-5），并集合了数百个光敏膜片，可根据外部光线强弱调节进入建筑物的光量。在控光孔开闭的各个阶段能形成变化的几何图案，如正方形、圆形和六边形。这样将传统图案和现代科技相结合的方式，为建筑节能和艺术的结合提供了范本。

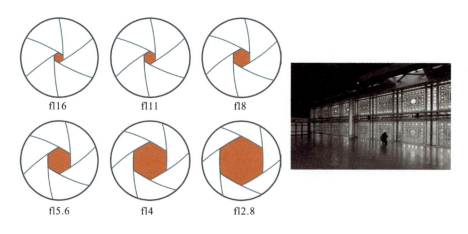

◎ 图 4.5-5　类似相机快门的控光孔

2. 光影塑造建筑物内部空间的方法

建筑物外部形态经过光影的塑造更加具有张力。建筑物内部空间形态在光影的作用下却是多种多样的，光影对建筑物内部空间的塑造手段包括韵律、层次、对比强弱，以及明暗抑扬等，其作用如图 4.5-6 所示。

01 建筑设计师利用光线来引导人们的视线，使光影以视觉焦点的形式存在，以此来强化空间主题

02 在阳光的照射下，事物的影像会变得更加清晰，更能表现它的材质和空间的感染力，因此光影会对建筑空间的材质给予揭示

03 在合理的光影设计下，建筑物空间会显得更有层次感和质感，光影空间的设计效果受到光影的亮度梯度的直接影响。因此光影能够塑造建筑物的空间层次感和质感

04 光影可以塑造建筑物空间的序列，强化建筑物内部空间转化的序列感和节奏感

◎ 图 4.5-6　光影在建筑物内部空间塑造中的作用

3. 光影营造建筑物内部空间的氛围

建筑设计师关注的是光影塑造建筑物的效果，他们为了激发人们的思想感情，运用光线的色彩强弱和明暗透射及反光、折光等手段来塑造各种各样的建筑物氛围。古代西方的教堂空间，光线都是从最高点射入然后在内部分散开来，追求的是一种神秘感，要求教堂内部黑暗与光明对比强烈，光柱寓意天国与人间的通道，给人以天国召唤的空间感，这类建筑以罗马万神庙最为著名（见图 4.5-7）。

◎ 图 4.5-7　罗马万神庙

罗马万神庙采用穹顶覆盖的集中式结构，它的穹顶中央有一个直径9米左右的圆洞，引入顶光以示与上天的联系，顶光使得建筑物内部呈现强烈的色彩对比，显示出一种神秘的宗教氛围。现代教堂的巅峰之作"光之教堂"是著名建筑大师安藤忠雄的作品，他在建筑物正面的墙壁上留了一个十字型宽缝，当阳光射入时，明亮的光十字符号与周围的墙面产生强烈的对比，再加上十字符号原本的寓意，与周围寂静的氛围相互映衬，便产生了一种极其神秘的宗教气息。

4.6 建筑设计中色彩的运用

通常，建筑色彩主要是指建筑及其附属设施外观色彩的总和。具体涉及建筑本身的墙体、门窗、屋顶，以及其他各种附属性构件，如雨水管等。作为环境的重要组成部分，建筑是通过形体和色彩来表现其美感，除了和谐的形体，色彩也是极其重要的表现因素。建筑与色彩两者共为一体，它们十分密切而又共同地影响着人对它们的感受。色彩是造型艺术语言中较为活跃、丰富、敏感而富有表现力的视觉因素。在绘画中，色彩不仅可以用来表达具象或抽象的艺术形象，而且色彩本身的色相、明度、纯度的不同变化和对比在人们的审美活动中所产生的种种心理效应，也越来越引起重视。建筑作为造型艺术，更离不开色彩，建筑色彩设计往往直接体现着建筑设计师的情感意识和艺术修养，为建筑增添无穷的魅力。

因此，在建筑设计中，色彩应用是一项相当重要的工作。设计师在对建筑的外立面进行设计时，需要通过色彩配搭来使建筑给使用者及过往行人留下深刻的视觉印象，而在建筑的室内设计中，需要通过和谐的颜色搭配来给人创造一种更具舒适度的空间环境。

4.6.1 色彩在建筑设计中的主要功能

1. 美化作用

（1）通过成功的色彩设计使城市环境的主体对象——建筑显得更加美观漂亮。如借助不同楼层赋予彩虹式的色彩表现（见图4.6-1）。

（2）利用色彩具有的明暗、冷暖、前后等多种特性，可以从视觉上调整建筑的体量感。如建筑体量过小，可以选择具有膨胀感的暖色调或者明亮一些的色彩来增加建筑的体量感（见图4.6-2）。

◎ 图4.6-1　借助不同楼层赋予彩虹式的色彩表现

◎ 图4.6-2　色彩塑造建筑的体量感

（3）利用色彩来丰富建筑的空间层次，特别在立面造型显得单调和构造单一的建筑上,更需要利用色彩的特性,获得丰富的空间层次,弥补造型上的不足(见图4.6-3)。

(4)强化建筑造型的表现力。如实体部分的色彩常设置为明亮的暖色,增加实体印象,而利用隐晦的冷色表现造型中的虚型(见图4.6-4)。

◎ 图4.6-3 利用色彩来丰富建筑的空间层次

◎ 图4.6-4 强化建筑造型的表现力

(5)对一些不需要暴露的建筑构件,如管道等,可以通过色彩将其从视觉效果上掩盖起来,从而使建筑的轮廓与建筑主体结构保持一致(见图4.6-5)。

◎ 图4.6-5 对一些不需要暴露的建筑构件利用色彩从视觉效果上进行掩盖

2. 标识作用

标识作用即通过不同的色彩效果展现建筑不同的个性特征。在日常生活中，人们常按照便于记忆与识别的色彩标识来寻找目标建筑（见图4.6-6）。

◎ 图4.6-6 印度尼西亚的 Kampung Pelangi 村

3. 象征作用

如图4.6-7所示为融合韩国宫殿建筑元素的现代咖啡厅。设计师采用韩国王室宫殿建筑物的设计哲学和理念，在空间表面处理上，深灰色花岗岩仿佛是地面的台基；整面白色瓷砖则应用在咖啡加工区的主要空间中；有限的灯光组合透过苎麻面料发散出橙色与粉红色的光。这些元素用隐喻的手法代表了品牌的空间色彩。

◎ 图4.6-7 融合韩国宫殿建筑元素的现代咖啡厅

4.6.2　色彩的视觉现象和心理效果

色彩有其独有的特点和作用，我们在做设计之前应该对此有充分了解，以此来指导我们如何运用色彩。

1. 色彩的视觉现象

色彩的视觉现象主要包括"即时对比""残留影响""色彩的融洽""光照效果"等。这些视觉现象或多或少造成视错觉，影响着人的视感觉。

如图 4.6-8 所示为韩国首尔无窗户的百乐达斯娱乐广场，由荷兰著名建筑设计公司 MVRDV 设计。该公司的设计作品永远带着试验色彩，总会在某些点上格外突出、夸张。这座娱乐建筑并不需要在外墙上开窗，为了避免墙面的"空荡荡"，MVRDV 就将周边建筑的立面投影映射到外墙上，或者说"画"到外墙上。之后又将建筑外墙"软化"，像是一个神秘物体披上了一块布，产生了非常有趣的戏剧效果。

◎ 图 4.6-8　韩国首尔无窗户的百乐达斯娱乐广场

2. 色彩的心理效果

不同的色彩环境会使人产生不同的感受、联想，甚至还会引起喜、怒、哀、乐等情绪，这就是色彩所引起的心理反应。色彩投射到人的眼睛中，就会引起色觉反应，强色会使神经兴奋，令人感到热烈、振奋，如红色、橘色等。柔和的中间色有利于放松神经，使人感到平和、温馨，如米色、奶油色等。冷色调常易使人感到自然、清醒、舒爽，如淡绿色、天蓝色等。同时，每种颜色都有不同的深浅色调，也会对心情产生不同的影响（见图4.6-9）。

◎ 图4.6-9　不同的色彩会给人带来不同的心理感受

因此，色彩也常用来做心理疏导治疗的研究，在儿童教育项目中，色彩被用来激发儿童的心理和感官成长（见图4.6-10）。

在医疗康复或健康领域，颜色被用作促进患者康复的补充元素，

◎ 图4.6-10　De Rosee Sa的普莱斯特小学

比如 Hans Abaton 设计的西班牙马德里儿童脑瘫病患疗养中心（见图 4.6-11）和 Stanley Beaman & Sears 设计的内穆尔儿童医院。

◎ 图 4.6-11　西班牙马德里儿童脑瘫病患疗养中心

4.6.3　建筑设计中色彩设计要考虑的六个因素

如图 4.6-12 所示为建筑设计中色彩设计要考虑的六个因素。

◎ 图 4.6-12　建筑设计中色彩设计要考虑的六个因素

1. 与周围的环境色调相协调

建筑不是单独存在的，必然与周围的环境相适应。无论是自然环境，还是人造环境，抑或是人文环境，我们在做色彩设计时都应全面考虑这个问题。

一般情况下，每个城市都有其固有的城市文化、城市色彩，或者说城市的性格色彩，每个区域都有它特定的整体色彩。我们在做设计时当然不能破坏这个城市或者这个区域的整体格调，只有在满足与环境协调的前提下，再来关注单体的建筑色彩。在考虑外部色彩的处理时应充分考虑周围景观色彩，包括自然景观和人造景观，尽可能地结合自然环境从而创造出和谐统一的色彩效果。

通常，在不同的环境中，建筑色彩设计，既要使建筑物色彩富于变化，又要使建筑群体的色彩有统一，做到统一中有变化，变化中有统一。

如图 4.6-13 所示为隈研吾设计的中国美术学院民艺博物馆。其所在地原来是一座茶园，而茶园基本都在山坡上，因此隈研吾设计团队采用了"竹屋"的建造结构，没有消去茶山原有的"绿色"，而是根据山势的起伏，做了坡型建筑。项目的核心设计思想体现了人与自然融合一体的绿色设计理念。漂亮的口号也许说来简单，但要贯彻不仅不获利反而可

◎ 图 4.6-13 中国美术学院民艺博物馆

能耗时耗力的初衷，实则不易。

2. 符合建筑的功能性需求

根据使用功能的不同，建筑分为公共建筑和民用建筑。建筑设计首先考虑的是功能性，要知道是为什么而设计的，是民用建筑，还是公共建筑；公共建筑又分多种，是办公建筑，还是商业建筑，是学校，还是医院等。具有不同使用功能的建筑，采用的色彩也应该不同，这样才能体现出建筑美感，以符合或者反映其功能特点：如疗养院、医院应该用白色或中性灰色为主调，在心理上给人以清洁、安静之感；纪念馆等常以橘色的琉璃瓦做檐口装饰，在心理上给人以高贵、恒久之感；而民用建筑应该以酱红色、浅粉色为主调，这样在心理上给人活泼、向上之感。

3. 调节建筑的造型效果

色彩具有扩张感、冷缩感，有前进感、后退感，同时色彩还具有轻重感，了解色彩的这些特点，可以用来指导我们的设计，通过色彩的合理运用来达到塑造好的建筑形体的目的。

色彩为建筑提供了形状再创造的可能。用色彩对比的方法可以在平板单调的形体上创造出多姿多彩的形状，使建筑造型丰富起来。传统建筑中的彩绘、壁画都具有色彩造型的功能。在古建筑中，彩绘多是以自然界的动植物为题材；现代建筑的色彩造型则多倾向于抽象的几何体，容易与建筑融为一体。

建筑形状主要由建筑边缘的轮廓线反映出来，建筑的边线包括屋顶轮廓线、竖向转角和地面线。用色彩强调建筑的外轮廓使建筑的形体得到突出表现。建筑的内轮廓反映建筑的局部和小型部件的形状，如楼梯、门窗、台阶、雨篷、柱廊等。用色彩对比的方式表现建筑的小型部件或对门窗洞口的边框用色彩加以粉饰，都具有突出建筑内轮廓的作用，可以使建筑面目清晰，给人以爽快之感。对于建筑整体和局部不理想的形状都可以用色彩进行各种形式的改造和调节。

色彩的远近差别，可以使一个平面上的不同区域在人们感觉中形成前后距离不同的效果，建筑设计师可以根据这一原理，利用适当的色彩，调节建筑造型的空间效果，创造空间层次，增加造型的趣味性和丰富感。这种空间调节方式对于形体简单的建筑具有很实际的意义。

4. 建筑色彩与光影相结合

有形体和光的存在，那么阴影的产生就将是不可避免的，阴影会给我们带来某种不便，但是我们同样可以充分地利用阴影，以此来加强形体的立体感，同时和其他色彩协调构成更加丰富的画面。

把建筑立面造型和遮阴设计结合起来，利用雨篷等挑出墙面之外的构件创造大片阴影，与浅色的墙面形成强烈的明暗关系，虚实对比，这样便可以加强建筑物的空间效果，改变建筑色彩的明度，增强建筑之美。

5. 地域性、民族性

建筑具有地方特点，色彩也具有地域性。一个国家有一个国家的色彩偏好，一个地方有一个地方的色彩偏好，一个民族同样有一个民族的色彩偏好。例如，汉民族喜欢红、黄、绿色；维吾尔族、哈萨克族、回族受伊斯兰教影响，喜爱将绿、蓝、白、金色等用于清真寺上；蒙古族由于生长在蓝天、绿草、牛与羊的环境中，喜欢蓝、绿、白色；藏族从他们的服饰就可以看出，他们喜欢白、红褐、绿和金色，布达拉宫就是个很好的例证（见图 4.6-14）。我们的设计都应该在注重功能的前提下，注意民族特色，设计出具有民族风格的作品。

◎ 图 4.6-14　布达拉宫

6. "调节"气候

气候有冷暖，色彩有冷暖感。气候是不可人为调节的，但色彩却可以。因此，我们可以人为地调节可以调节的，通过色彩来调节人对自然环境的冷暖感知，达到改变环境冷暖的目的。当然，这种改变不是真的改变，只是通过色彩的搭配让人们在酷热的环境下感觉清凉，在寒冷的环境下感觉温暖。

（1）北纬 20~30 度左右的南方，气温高，湿度大，气候炎热，建筑色彩常使用高明度的中性色或冷色。例如，常以灰冷色做基调，显得明快、淡雅，很适应南方建筑的防热要求和人们的心理感觉，且容易和常年苍翠浓郁的绿化环境相协调，进而体现建筑美。

（2）北纬 40 度左右的北方，气候寒冷，建筑色彩常用中等明度的暖色和中性色。例如，常以暖色为主的浅黄色墙面加白色线条，在冬季给人以温暖之感。这些建筑又常配以降红、深绿等屋面色调，在夏季绿树成荫之时，使人感觉清新明朗，而得以实现建筑美。

4.6.4 建筑立面色彩的规划与设计

1. 设计原则

如图 4.6-15 所示为建筑立面色彩的规划与设计原则。

◎ 图 4.6-15　建筑立面色彩的规划与设计原则

其中，与环境协调是指建筑立面颜色要与所在的地形地貌、相邻的其他建筑相协调。例如，一些国外建筑色彩设计规范规定，新建、改建一个建筑时，其设计方案必须考虑与左邻右舍建筑以及其他构成元素的色彩协调问题。如图 4.6-16 所示的 K/R 事务所设计的立面 Barricades（路障），设计灵感来自迈阿密的马路景象，尤其是随处可见的橙白条纹的路障。在这个立面中，这些人造路障呈向右翻转状，形成了一个色彩明亮的幕墙。立面上还有 15 扇镜面不锈钢制的"窗"，混凝土花盆仿佛从立面上的"人行道"里跳脱出来。

◎ 图 4.6-16　K/R 事务所设计的立面 Barricades（路障）

2. 构成方法

（1）框架式构成，即对建筑的外观结构部位给予某种色彩装饰，如阿姆斯特丹、圣彼得堡等城市建筑的色彩特征主要体现在轮廓、窗框、线角等都为统一的白色上（见图 4.6-17）。

◎ 图 4.6-17　阿姆斯特丹城市建筑

（2）区域式构成，即对建筑的某一局部予以特定的色彩装饰。通常这些颜色与建筑主色调相对立，目的是为了强化建筑的某一功能。如法国蓬皮杜文化中心的外部扶梯、电梯、管线以及通风管等都是通过颜色加以强调的，空调管道是蓝色的，水管是绿色的，电线是黄色的，而扶梯和电梯则是红色的（见图 4.6-18）。

◎ 图 4.6-18　法国蓬皮杜文化中心一角

（3）渐变式构成，即通过色彩的逐渐变化而获取建筑外观色彩装饰效果的构成形式。如朗克罗教授曾经为普罗旺斯设计的一片高级住宅区（见图 4.6-19）。

◎ 图 4.6-19　朗克罗教授为普罗旺斯设计的高级住宅区

（4）个性化构成，即按照建筑设计师或色彩设计师的审美意图而对建筑外观予以别具特色的色彩构成。如图 4.6-20 所示为坐落在富士山脚下道路旁的 HOTO FUDO 面馆，以香气四溢的 HOTO 面和餐厅独特的建筑造型而闻名于海内外。流畅的线条、洁白的色彩和不规则的开口，让整个建筑看起来就像一朵漂浮在山间的云彩。

◎ 图 4.6-20　日本 HOTO FUDO 面馆

3. 建筑屋顶色彩的规划与设计

就历史角度来看，中外传统建筑为了方便疏导雨水，屋顶造型多设计为各种坡形。而进入近代后，国际建筑领域一改传统建筑坡屋顶的造型形式，开始盛行平屋顶形式。不过，无论哪一种屋顶造型，其在城市建筑与景观中都是不可或缺的要素，为此，屋顶被称为第五立面。如图 4.6-21 所示为挪威卑尔根的城市建筑，其屋顶由深灰色和各种带有一定色相感的暗彩色系颜色构成，在深邃之中又夹带着几分瑰丽。

◎ 图 4.6-21 挪威卑尔根的城市建筑屋顶色彩

如图 4.6-22 所示为西班牙卡达凯斯的城市建筑，喜欢将华丽的橙色作为建筑的屋顶色。

◎ 图 4.6-22 西班牙卡达凯斯的城市建筑屋顶色彩

> 色彩是表现风格的点睛之笔,色彩搭配基于风格之上为迎合个人性格喜好而变化多样。

4.6.5 色彩在室内设计中的应用

色彩中不同的搭配方式能够直接使人产生不同的感知,这一点对于设计师来说必须要有充分的考虑。艺术大师凡·高说:"没有不好的颜色,只有不好的搭配。"色彩是一种语言,人类情感的语言,我们通过色彩向他人表达自己的喜好与风格,展示我们的性格。设计师也通过色彩去描绘一个他人理想中的房子、真正喜欢的家。每个人喜欢的氛围、风格都是由不同的色彩构成的,因此在设计中,掌握色彩语言可以实现更深层次的效果。

1. 室内设计中色彩搭配的主要作用

如图 4.6-23 所示为室内设计中色彩搭配的主要作用。

(1)突出风格特点。家装设计中有不同的风格,选择不同的风格,或者两种及多种风格兼任并济,以更加迎合个人的喜好。色彩是表现风格的点睛之笔,色彩搭配基于风格之上为迎合个人性格喜好而变化多样。例如,活泼的室内空间多采用高明度色彩,除了必不可少的白色,多采用明黄、橘色、红色、黄绿等相对偏暖色系的高明度、高纯度色彩点缀空间。明

◎ 图 4.6-23 室内设计中色彩搭配的主要作用

> 色彩给人的远近感可归纳为：暖的近，冷的远；明的近，暗的远；纯的近，灰的远；鲜明的近，模糊的远；对比强烈的近，对比微弱的远。

亮活泼的色彩风格多适用于公共交流空间，给人振奋、愉快之感（见图4.6-24）。

（2）改善室内空间。人对所处某个空间的初印象，75％都来自对色彩的感觉，然后才会去对整个空间的不同形体进行理解。居室内的空间总有过于空旷或者过于狭窄之处，不能尽如人意。而因为色彩能够使人感到明暗、远近、进退、凹凸，所以能够利用色彩带来的这种欺骗性，改变空间的视觉即视感。例如，色彩给人的远近感可归纳为：暖的近，冷的远；明的近，暗的远；纯的近，灰的远；鲜明的近，模糊的远；对比强烈的近，对比微弱的远。又如，同等面积大小的红色与绿色，红色给人以前进的感觉，而绿色则给人以后退的感觉（见图4.6-25）。

◎ 图4.6-24 哥本哈根 ACE & TATE 时尚眼镜店室内设计

◎ 图4.6-25 炊具品牌 VINZER 办公室设计

（3）调节光线。色彩可以很好地改善居室内光线的强弱，这是因为不同的色彩对光的反射率不同。在采光好且光线强烈的房间，可以采用灰色调进行调节；在采光较差的房间，可以选用白色，白色对光的反射率最高。总的来说，根据不同需要和不同喜好可以选用不同的色彩调节室内光线（见图4.6-26）。色彩也可以和灯管互相搭配，使灯光更加自然，以便获得更好的效果。

◎ 图4.6-26 室内色彩对光线的调节作用

◎ 图4.6-27 夏季采用淡雅、冷色调的软饰

（4）改善温感。色彩搭配不能改变温度，但是能改善人对温度的感觉。冷色调会使居室的温感清冷一些（见图4.6-27），暖色调如红、黄会使居室更显温暖（见图4.6-28）。

（5）调节氛围。色彩对于氛围的调节效

◎ 图4.6-28 冬季采用暖色调、具有节日氛围的软饰

第4章 建筑造型的艺术设计 187

> 温柔浪漫的色彩风格非常适合卧室等休息空间，让人放松、舒适。

> 色彩搭配黄金比例：主色彩、次要色彩、点缀色彩的比例为60∶30∶10。

果是显而易见的。人与居室有着密不可分的联系，而色彩是一种情感语言，在室内氛围当中，这种情感语言的组合令人产生不同的感受。有的人喜欢较为清冷的家居氛围，有的人喜欢较为温馨的家居氛围，还有的人喜欢较为简单的家居氛围，利用色彩，我们可以根据不同的喜好营造不同的氛围。例如，对于温柔浪漫的室内空间，色彩对比要弱，整体色彩搭配柔和，避免出现纯度过高或者明度过低的色彩，避免大面积锋利的造型以及高反射的材质，以增强空间亲和力。温柔浪漫的色彩风格非常适合卧室等休息空间，让人放松、舒适（见图4.6-29）。

◎ 图4.6-29　温柔浪漫的室内色调

2. 空间色彩设计的要点

1）色彩搭配比例

居室内的色彩构成建议不要超过三色框架，并且要按60∶30∶10的原则进行色彩比重分配，即主色彩∶次要色彩∶点缀色彩为60∶30∶10的比例。如室内空间墙壁的色彩占60%的比例，家具、床品和窗帘的占30%，小的饰品和艺术品的占10%。点缀色虽然是占比最少的色彩，但会起到重要的强调作用。

2）色彩搭配技巧

在软装设计配色中，要认真分析硬装所留下的配色基础，从业主的喜好和设计主题出发，精心设计作品的配色方案，所有的软装色彩设计过程都必须严格按照配色方案执行，由此出发去完善整个室内的配色系统，这样一定能创作出令人满意的作品。

（1）对于小型空间，淡雅、清爽的墙面色彩可以让小空间看上去更宽大；强烈、鲜艳的色彩用于个别点缀会增加空间的活力；还可以用不同深浅的同类色做叠加以增加整体空间的层次感，让其看上去更宽敞而不单调，令用户心情开阔。

（2）对于大型空间，暖色和深色可以让大空间显得温暖、舒适。强烈、鲜艳的点缀色适于大空间的装饰墙，用以制造视觉焦点。将近似色的装饰物集中陈设会让室内空间聚焦。

（3）从天花板到地面纵观整体搭配色彩。协调从天花板到地面的整体色彩，最简单的做法就是给色彩分重量，暗色最重，用于靠下的部位；浅色最轻，适合天花板；中度的色彩则可贯穿其间。若把天花板刷成深色或与墙壁色一样，则整个空间看上去较小、较温馨；反之，浅色让顶棚看上去更高一些。

（4）空间配色次序很重要。空间配色方案要遵循一定顺序：硬装—家具—灯具—窗艺—地毯—床品和靠垫—花艺—饰品。

（5）三色搭配最稳固。在设计和方案实施的过程中，空间配色最好不要超过三种色彩，当然白色、黑色可以不算色彩。同一空间尽量使用同一配色方案，形成系统化的空间感觉。

（6）善用中性色。黑、白、灰、金、银等中性色主要用于调和色彩搭配，突出其他颜色。它们给人的感觉很轻松，可以避免疲劳，其中金、银色是可以陪衬任何颜色的百搭色，金色不含黄色，银色不含灰白色。

3）色彩搭配禁忌（见图4.6-30）

◎ 图4.6-30　色彩搭配禁忌

（1）蓝色不宜大面积在餐厅厨房使用。因为蓝色会让食物看起来不诱人，让人没有食欲。蓝色作为点缀色起到调节作用即可。但作为卫浴空间的装饰却能强化神秘感与隐私感。

（2）紫色不宜大面积用在居室或儿童房。大面积的紫色会使空间整体色调变深，使得身处其中的人有一种压抑的感觉。不过可以作为居室局部的装饰亮点，显出贵气和典雅。

（3）红色不宜做空间主色调。居室内红色过多会让眼睛负担过重，产生头晕目眩的感觉，要想达到喜庆的目的只要用红色的窗帘、床品、靠包等小物件做点缀就可以。

（4）粉红色不宜大面积用在卧室。粉红色容易给人带来烦躁的情绪，尤其是浓重的粉红色会让人精神一直处于亢奋状态，居住其中的人会产生莫名其妙的心火。若将粉红色作为点缀色，或将颜色的浓度稀释，淡粉色墙壁或壁纸即能让房间转为温馨。

（5）橙色不宜用来装饰卧室。生机勃勃、充满活力的橙色，会影响睡眠质量，将橙色用在客厅则会营造欢快的气氛，用在餐厅能诱发食欲。

（6）咖啡色不宜装饰在餐厅和儿童房。咖啡色含蓄、暗沉，会使餐厅沉闷而忧郁,影响进餐质量,在儿童房中会使孩子性格忧郁。咖啡色不适宜搭配黑色,为了避免沉闷,可以用白色、灰色或米色作为配色,使咖啡色发挥出属于它的光彩。

(7)黄色不宜用于书房。它会减慢思考速度,长时间接触高纯度黄色,会让人有一种慵懒的感觉,在客厅与餐厅适量点缀一些就好。

(8)黑色忌大面积运用在居室内。黑色是沉寂的色彩,易使人产生消极心理,与大面积白色搭配是永恒的经典。在大面积黑色上用金色点缀,显得既沉稳又奢华;用红色点缀,显得神秘而高贵。

(9)金色不宜做装饰房间的唯一用色。大面积的闪闪金光对人的视觉伤害很大,容易使人神经紧张,不易放松。金色作为点、线的勾勒能够创造富丽的效果。

(10)黑白等比配色不宜在室内使用。长时间在这种环境中,会使人眼花缭乱、紧张、烦躁,让人无所适从,最好以白色作为大面积主色,局部以其他色彩为点缀,有利于产生好的视觉感受。

4)色彩与材质

(1)自然材质与人造材质。在室内装饰中,色彩是依附于材质而存在的,丰富的材质对色彩的感知起到密切的影响。常用的室内材质可分为自然材质和人造材质两类,通常被人们结合使用,自然材质涵盖的色彩比较细致、丰富,多为自然、朴素的色彩,艳丽的色调较少;人造材质色彩丰富,但层次感比较单薄(见图4.6-31)。

◎ 图4.6-31 自然材质和人造材质的结合使空间更加富有层次

（2）表面光滑度的差异。除了材质的来源以及冷暖，其表面光滑度的差异也会给色彩带来变化。如同样颜色的瓷砖经过抛光处理的表面更光滑，反射度更高，看起来明度更高，粗糙一些的则明度较低（见图4.6-32）。

◎ 图4.6-32　地面光滑的瓷砖和纹理造型与棕木色的橱柜形成了对比和层次感

（3）冷质和暖质。具有现代感的玻璃、金属等给人冰冷感觉的材质被称为冷质材料；布艺、皮革等具有柔软感的材质被称为暖质材料。木材、藤等介于冷暖材料之间，被称为中性材料。暖色调的冷质材料，暖色所带来的温暖感会有所减弱；冷色的暖质材料，冷色所带来的清冷感也会减弱。如同为橙色，玻璃的质感要比布艺冷硬（见图4.6-33）。

◎ 图4.6-33　同为橙色，玻璃的质感要比布艺冷硬

第 5 章
建筑设计的新思潮

对于人类命运的关注是当代东西方文化的共同趋向。随着当今全球化的趋势，建筑创作并没有出现某种绝对的主流，而是呈现出了多元化的发展格局，各种新颖的设计理念与设计思潮层出不穷（见图 5.0-1）。

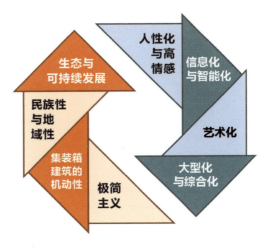

◎ 图 5.0-1　建筑设计的八个新思潮

5.1　人性化与高情感

当代社会，人们不再满足于物质上的充裕，而表现出对精神文化和健康生活的追求。人性化设计理念力图实现人与建筑的和谐共存，强调建筑对人类生理层次的关怀——让人获得舒适感，也强调建筑对人类心理层次的关怀——让人获得亲切感。"以人为本"实际上就是

> 人性化理念贯穿于建筑设计过程及使用过程之中，包括建筑外部空间环境的舒适性和愉悦性，建筑内部空间的高效性与开放性，以及在空间设计中表达出对特殊群体的人性化关怀。

通过最大限度地迁就人的行为方式，体谅人的情感，实现人类对自身的"终极关怀"。

人性化理念贯穿于建筑设计过程及使用过程之中，包括建筑外部空间环境的舒适性和愉悦性，建筑内部空间的高效性与开放性，以及在空间设计中表达出对特殊群体（如行动不便者、老人、母婴等）的人性化关怀。

如图 5.1-1 所示为危地马拉城的麦当劳叔叔之家，是麦当劳叔叔之家慈善机构家庭设施的一部分。该机构对那些子女正在危地马拉城的国立医院接受治疗的家庭提供临时住所。认识到所容纳住户的需求，尽管作业庞杂，设计师仍将建筑定位为"家"而不是单纯的建筑物。员工的操作规程、建筑的功能和空间在概念上经过了设计，旨在为家庭提供温暖的社区氛围。这些特征有助于构建一种特定的建筑语言，从而减少建筑的大体量感并传递安全感和家庭的温暖。另外，通过光影的协调和砖块的布置，设计赋予了该项目强烈的个性。

◎ 图 5.1-1　危地马拉城的麦当劳叔叔之家

> 建筑智能技术以建筑为平台，兼备建筑设备、办公自动化及通信网络系统，集结构、系统、服务、管理及它们之间的最优组合，向人们提供一个安全、高效、舒适、便利的建筑环境。

5.2 信息化与智能化

诺贝尔奖得主 Richard E. Smalley 逝世前曾列出了人类未来 50 年所面临的十大挑战问题。首先是能源，第二是水，第三是食品，第四是环境，第五是贫穷，第六是恐怖主义，第七是战争，第八是疾病，第九是教育，最后是民主与人口。如果建筑能做到更加人性化、更加环保，就可以部分解决上述前五位和第八位问题。进入 21 世纪，人们对建筑的要求不再局限在使用功能上，崇尚艺术、追求绿色和建筑智能化将成为建筑师们的主流设计思想。

建筑智能技术以建筑为平台，兼备建筑设备、办公自动化及通信网络系统，集结构、系统、服务、管理及它们之间的最优组合，向人们提供一个安全、高效、舒适、便利的建筑环境。今后建筑科技将围绕保护环境、节省资源、降低能耗展开。建筑智能技术的发展要为生态、节能、太阳能等在各种类型现代建筑中的应用提供技术支持，实现生态建筑与智能建筑相结合。

智能生态建筑的发展离不开智能建材，智能建材除作为建筑结构外，还具有其他一种或数种功能，如一些智能建材具有"呼吸"功能，可自动吸收和释放热量、水汽，能够调节智能建筑的温度和湿度。光学纤维技术、纳米技术、声控技术和新能源技术是建设智能生态建筑的关键技术。随着科技的进步，这些技术日趋成熟，建筑智能化已不再是梦想，在不久的将来，智能建筑将被广泛修建，造福人类。

> 信息时代的来临呼唤着新的空间和造型以体现其时代特征，现代建筑设计师突破传统，从绘画中吸收创作的营养，现代建筑艺术逐渐走向抽象的表达。

5.3 艺术化

建筑艺术是按照形式美的规律，运用独特的艺术语言，使建筑具有文化价值和审美价值，是通过建筑形象表现出来的。随着城市的发展和人们建筑审美的提升，建筑形象在建筑设计中的地位越来越突出，建筑形象包含客观形象和审美内涵的双重特征，其构成手法多样，对人的感染力也多种多样。不同特性的建筑要求具有与之相配的建筑形象，比如纪念性建筑或者其他需要表现庄严的公共建筑应使用对称的建筑形象，给人端庄、雄伟、严肃的感觉。建筑本身存在韵律，建筑和建筑之间也存在韵律。韵律是任何物体各要素重复出现所形成的一种特征，一个建筑物的大部分艺术效果，都是依靠这些韵律关系的协调性、简洁性来取得的。不同建筑物之间的韵律能够赋予城市以音乐美，从而给城市注入了活力。

信息时代的来临呼唤着新的空间和造型以体现其时代特征，现代建筑设计师突破传统，从绘画中吸收创作的营养，现代建筑艺术逐渐走向抽象的表达。

如图 5.3-1 所示为马尔代夫水下餐厅，其设计灵感来自周边的水生环境，极力将海洋美学融入设计的方方面面：成千上万的贝壳错落有致地悬垂在天花板

◎ 图 5.3-1 马尔代夫水下餐厅

> 建筑向多元复合功能方向发展：将原来分散的建筑功能集中于一个屋顶之下的混合型建筑，这种集中和相互渗透的过程正在大规模地进行，出现了越来越多的大型、巨型城市综合体建筑。

上，营造出起伏的海浪森林；点缀其中的抽象吊灯则如同闪亮的珊瑚，同时它所散发出来的光芒也仿佛白色的星光在海面泛起的波光；定制的古怪餐椅仿佛长着许多触手的海葵；餐厅中央是一个玻璃纤维外壳的蚌壳风格酒吧，吧台底下的情景灯光随着时间的推移而不停变化。最惊奇的是引入了外面的海底世界，通过从天花板一直垂到地板的玻璃墙，用餐者可以观赏到90多种珊瑚，从此路过的鹦嘴鱼、海鳗、珊瑚鱼和蝴蝶鱼群等，给用餐者一段难忘的胜景体验。

5.4 大型化与综合化

城市是一个复杂的系统，其功能具有不断增长的复杂性。城市中单一功能的外部空间已不多见，大多数城市广场与街道空间均具有功能的复合性。仅从建筑功能上来看，当前的趋势是向多元复合功能方向发展，即将原来分散的建筑功能集中于一个屋顶之下的混合型建筑，这种集中和相互渗透的过程正在大规模地进行，出现了越来越多的大型、巨型城市综合体建筑。

如图5.4-1所示为小石坑国际艺术村总体布局图，其设计师以"为乡里所融、与环境为友、与村民共享、兴乡村经济"为原则，旨在用艺术激发乡村，让乡村持续更新发展。

◎ 图5.4-1 小石坑国际艺术村总体布局图

> 绿色建筑：在建筑物的全生命周期中，最小限度地占有和消耗地球资源，用量最小且效率最高地使用能源，最少产生废弃物并最少排放有害物质，成为与自然和谐共生，有利于生态系统与人居系统安全、健康，且满足人类功能需求、心理需求、生理需求及舒适度需求的宜居的可持续建筑物。

在溪、渠汇聚口上游的台地上，将分期建设艺术家住所、艺术家工作室、社区中心、美术馆、艺术客栈、接待中心、学院、乡村图书馆、民间艺术研究中心、乡村小学等新建、改建设施。将大队用房改造为艺术村的社区中心，并欢迎村民来喝茶、聊天、阅览、观演……六栋艺术家住所呈合院式组合，位于社区中心西北。再往北，艺术家工作室三间一组，布置在溪流上游，俯瞰艺术村。美术馆在水岸西侧，蜿蜒卧伏于台地中。在可登上漫步的屋顶下，是六间独立展馆之间的室外空间，即是两侧风景的取景器，也可作为室外展厅、聚会场所。三组艺术客栈布置在西侧山脚下，顺应地形等高线的走向，以阵列式的布局与山脉、美术馆对话。

5.5　生态与可持续发展

生态与可持续发展反映在建筑物上即为绿色建筑。绿色建筑是指在建筑物的全生命周期中，最小限度地占有和消耗地球资源，用量最小且效率最高地使用能源，最少产生废弃物并最少排放有害物质，成为与自然和谐共生，有利于生态系统与人居系统安全、健康，且满足人类功能需求、心理需求、生理需求及舒适度需求的宜居的可持续建筑物。

（1）绿色建筑既是一个物质的构筑，更是一个具有生命意义的生命体。国内外实践证明，绿色建筑不但具有生命属性，也具有生命能量，更具有生命的文化特征。全寿命周期建筑设计所赋予的生命内涵，不但具有生命体征，也具有生命所必需的生命系统功能构成；不但具有生命运行规律,也具有生命的个性、共性;不但具有生命特征的传承,也具有生命存在与发展的独立特点;不但具有生命与环境及其他建筑的系统关系、逻辑关系,也具有相互依存、相互作用的共生价值。因此,探索绿色建筑不仅要从技术层面上进行,还要从社会层面上进行分析思考与科学研究。

(2)绿色建筑存在于生态系统中,是人类重要的社会行为活动和生存需求的依附载体,本身就具有明确的人类行为属性、意志属性和人文属性。其构建的方式方法也是人类智慧集成的技术和科学能力的表达与应用。

城市生态系统因高能耗的城市运行、环境的人为污染与缺乏规划的建设,使其自然生态系统与社会生态系统遭受到难以弥合的割裂、破碎与损害。绿色建筑在城市中不是孤立存在的,作为构成城市生态系统的重要分子,应当视为城市生态的核心组成部分。因此,绿色建筑不能孤立于城市生态系统而独立规划、设计与运行。

(3)绿色建筑是人类智慧、责任和理想的科学结晶,是人类对地球资源的保护以及合理、高效利用科学成果与技术能力的体现。绿色建筑是一种生活方式,也是一种进步的理念,它不是某一类型的建筑,而是涵盖了所有类型的建筑。

(4)绿色建筑体系的建立是落实贯彻可持续发展观的重要实践,是人类在时间与空间上对赢得生存与生活质量而不懈进行科学探索、艰苦实践努力的重要标志,也是保障人类社会能够可持续发展的重要依据。

我国《绿色建筑技术导则》指出,绿色建筑指标体系由节地与室外环境、节能与能源利用、节水与水资源利用、节材与材料资源、室内环境质量和运营管理六类指标组成。这六类指标涵盖了绿色建筑的基本要素,包含了建筑物全寿命周期内的规划设计、施工、运营管理及回收各阶段的评定指标的子系统。

根据我国具体的情况和绿色建筑的本质内涵，绿色建筑应具有如图 5.5-1 所示的八个基本特征。

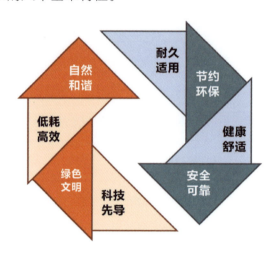

◎ 图 5.5-1　绿色建筑的八个基本特征

5.5.1　耐久适用

任何绿色建筑都是消耗较多的资源修建而成的，必须具有一定的使用年限和使用功能，因此耐久适用是对绿色建筑最基本的要求之一。

（1）耐久是指在正常运行维护和不需要进行大修的条件下，绿色建筑物的使用寿命满足一定的设计使用年限要求，在使用过程中不发生严重的风化、老化、腐蚀和锈蚀等。

（2）适用是指在正常使用的条件下，绿色建筑物的使用功能和工作性能满足建造时的设计年限下的使用要求，在使用过程中不发生影响正常使用的过大变形、过大振幅、过大裂缝、过大腐蚀和过大锈蚀等，同时也适合于在一定条件下的改造使用要求。

> 中国现行标准《绿色建筑评价标准》把"四节一环保"作为绿色建筑评价的标准：节能、节地、节水、节材和保护环境。

5.5.2 节约环保

在数千年文明史发展中，人类最大化地利用地球资源，却常常忽略科学、合理地利用资源。特别是近百年来，工业化快速发展，人类涉足的疆域迅速扩张，上天、入地、下海梦想实现的同时，资源过度消耗，环境遭受破坏。油荒、电荒、气荒、粮荒，世界经济发展陷入资源匮乏的窘境；海洋污染、大气污染、土壤污染、水污染、环境污染，破坏了人类引以为荣的发展成果；极端气候事件不断发生，地质灾害高发频发，威胁着人类的生命财产安全。珍惜地球资源，转变发展方式，已经成为地球人面对的共同命题。

在我国现行标准《绿色建筑评价标准》中，把"四节一环保"作为绿色建筑评价的标准，即节能、节地、节水、节材和保护环境。这是一个全方位、全过程的节约环保概念，也是人、建筑与环境生态共存的基本要求。

除了物质资源方面有形的节约，还有时空资源等方面所体现的无形节约。如绿色建筑要求建筑物的场地交通要做到组织合理，选址和建筑物出入口的设置方便人们充分利用公共交通网络，到达公共交通站点的步行距离较短等。这不单是一种人性化的设计问题，也是一个节约时空资源的设计问题。这就要求绿色建筑的设计者，在设计中要全方位、全过程地进行通盘的综合考虑。又如良好的室内空气环境条件，可以减少10%~15%的患病率，并使人的精神状况和工作心情得到改善，工作效率大幅度提高，这也是另一种意义上的节约。

如图5.5-2所示是一个城市实验建筑展馆，所使用到的60%的建筑材料都是回收来的废弃材料。

> 健康舒适的目的是在有限的空间里为居住者提供健康舒适的活动环境，全面提高人居生活和工作环境品质，满足人们生理、心理、健康和卫生等方面的多种需求，这是一个综合整体的系统概念。

◎ 图 5.5-2　用回收材料打造的展馆

5.5.3　健康舒适

健康舒适是随着人类社会的进步和人们对生活品质的不断追求而逐渐为人们所重视的，这也是绿色建筑的另一基本特征，其核心主要是体现"以人为本"，目的是在有限的空间里为居住者提供健康舒适的活动环境，全面提高人居生活和工作环境品质，满足人们生理、心理、健康和卫生等方面的多种需求，这是一个综合整体的系统概念。健康舒适建筑是一个系统工程，涉及人们生活中的方方面面，它既不是简单的高投入，也不是表面上的美观、漂亮，而是要处处从使用者的需要出发，从生活出发，真正做到以人为本。

如图 5.5-3 所示的住宅从 20 世纪 30 年代到如今历经多次装修。在本次的重装中，设计师给这个 200 平方米的户型做了大简化，整个

> 安全可靠是绿色建筑的另一基本特征，是人们对作为生活、工作、活动场所的建筑物的最基本要求之一，实质是崇尚生命与健康。

室内几乎没有经典的白色，所有的储物家具采用了蓝灰色，为了削弱阁楼因为陡峭屋顶产生的不好利用的三角空间，设计师打造了大进深的储物家具，创造出经典的沙龙氛围。墙壁和天花板采用了极为温和的杏粉色与浅褐色，这两种具有朦胧感的色彩与家具的蓝灰色形成了绝妙的搭配，打造出如同水彩画般精致典雅的生活空间。

◎ 图 5.5-3　NOTE Design Studio 私人住宅项目

5.5.4　安全可靠

安全可靠是绿色建筑的另一基本特征，也是人们对作为生活、工作、活动场所的建筑物的最基本要求之一，实质是崇尚生命与健康。所谓安全可靠是指绿色建筑在正常设计、正常施工、正常使用和正常维护的条件下，能够经受各种可能出现的作用和环境条件，并对有可能发生的偶然作用和环境异变，仍能保持必需的整体稳定性和规定的工作性能，不至于发生连续性的倒塌和整体失效。对绿色建筑安全可靠的

> 自然和谐是绿色建筑的又一基本特征,是我国传统的"天人合一"的唯物辩证法思想,是美学特征在建筑领域的反映。

要求,必须贯穿于建筑生命的全过程中,不仅在设计中要全面考虑建筑物的安全可靠,而且还要将有关注意事项向相关人员予以事先说明和告知,使建筑在其生命周期内具有良好的安全可靠性及保障措施。

绿色建筑的安全可靠不仅是对建筑结构本体的要求,而且是对其作为一个多元绿色物性载体的综合、整体和系统性的要求,同时还包括对建筑设施设备及其环境等的安全可靠性要求,如消防、安防、人防、管道、水电和卫生等方面。

有人认为人类建造建筑物的目的就在于寻求生存与发展的"庇护",这也充分反映了人们对建筑物建造者的人性与爱心、责任感与使命感的诉求。这不仅是经历过大地震劫难的人们对此发自内心的呐喊,而且是所有建筑物设计、施工和使用者的愿望。

如图5.5-4所示的巨大的充气结构建筑物所用的薄膜可以自动适应风和压力,十分安全。

◎ 图5.5-4 伦敦公园巨型充气建筑

5.5.5 自然和谐

自然和谐是绿色建筑的又一基本特征。这一基本特征实际上就是我国传统的"天人合一"的唯物辩证法思想,是美学特征在建筑领域的反映。"天人合一"是中国古代的一种哲学思想。最早起源于春秋战国时期,经过董仲舒等学者的阐述,由宋明理学总结并明确。其基本思想是人类的政治、伦理等社会现象是自然的直接反映。《中华思想大辞典》中指出："主张天人合一，强调天与人的和谐一致是中国古代哲学的主要基调。"

"天人合一"构成了世界万物和人类社会中最根本、最核心、最本质的矛盾的对立统一体。季羡林先生对其解释为：天，就是大自然；人，就是人类；合，就是互相理解，结成友谊。实质上，天代表着自然物质环境，人代表着认识与改造自然物质环境的思想和行为主体，合是矛盾的联系、运动变化和发展，是矛盾相互依存的根本属性。人与自然的关系是一种辩证和谐的对立统一关系，以天与人作为宇宙万物矛盾运动的代表，最透彻地表现了宇宙的原貌和历史的变迁。

自然和谐，天人一致，宇宙自然是大天地，人则是一个小天地。天人相应、天人相通，人和自然在本质上是相通和对应的。人类为了永续自身可持续发展，就必须使人类的各种活动，包括建筑活动的结果和产物，与自然和谐共生。绿色建筑就是要求人类的建筑活动要顺应自然规律，做到人及建筑与自然和谐共生。

自然和谐同时也是美学的基本特性。只有自然和谐，才有真正的美可言；真正的美就是自然，美就是和谐。共同的理想信念是维系和谐社会的精神纽带，共同的文化精神是促进社会和谐发展的内在动力，而共同的审美理想是营造艺术生态、和谐环境的思想灵魂。

如图 5.5-5 所示为伦敦蛇形画廊。为了达到建筑与自然和谐共处的愿景，设计师采用了既不破坏自然原始风光又舒适自在的建筑材

◎ 图 5.5-5　伦敦蛇形画廊

> 低耗高效是绿色建筑的基本特征之一，从两个不同的方面来满足资源节约型和环境友好型社会建设的基本要求。

料，并对结构、光线、形式、变式、色彩、敏感度和材料透明度这些基本元素，根据设计的需要重新排列组合，形成了一条七彩缤纷的糖果色秘密通道。

5.5.6 低耗高效

低耗高效是绿色建筑的基本特征之一，从两个不同的方面来满足两型社会（资源节约型和环境友好型）建设的基本要求。

（1）资源节约型社会指全社会都采取有利于资源节约的生产、生活、消费方式，强调节能、节水、节地、节材等，在生产、流通、消费领域采取综合性措施提高资源利用效率，以最少的资源消耗获得最大的经济效益和社会效益，以实现社会的可持续发展，最终实现科学发展。

（2）环境友好型社会指全社会都采取有利于环境保护的生产、生活和消费方式，侧重强调防治环境污染和生态破坏，以环境承载力为基础、以遵循自然规律为准则、以绿色科技为动力，倡导环境文化和生态文明，构建经济、社会、环境协调发展的社会体系，实现经济社会可持续发展。

建设生态文明，实质上就是要建设以资源环境承载力为基础、以自然规律为准则、以可持续发展为目标的资源节约型、环境友好型社会。

绿色建筑要求建筑物在设计理念、技术应用和运行管理等环节上，对于低耗高效予以充分的体现和反映，因地制宜、实事求是地使建筑

> 绿色文明的发展目标是自然生态环境平衡、人类生态环境平衡、人类与自然生态环境综合平衡、可持续的财富积累和可持续的幸福生活。绿色文明是绿色建筑的基本特征之一。

物在采暖、通风、采光、照明、用水、用电、用气等方面,降低需求的同时,高效地利用所需的资源。

如图 5.5-6 所示为隈研吾的澳洲新作 The Exchange,其外墙使用环保耐久的 accoya 科技木材,生长和生产过程仅消耗少量能源和水资源,能保持 50 年不腐坏,也能 100% 自然分解。

◎ 图 5.5-6 隈研吾的澳洲新作 The Exchange

5.5.7 绿色文明

绿色文明的发展目标是自然生态环境平衡、人类生态环境平衡、人类与自然生态环境综合平衡、可持续的财富积累和可持续的幸福生活，而不是以破坏自然生态环境和人类生态环境为代价的物欲横流。由此可见，绿色文明必然是绿色建筑的基本特征之一。

绿色文明是能够持续提供人们幸福感的文明，是一种新型的社会文明，是人类可持续发展必然选择的文明形态，也是一种人文精神，体现着时代精神与文化。它既反对人类中心主义，又反对自然中心主义，而是以人类社会与自然界相互作用，保持动态平衡为中心，强调人与自然整体和谐的双赢式发展。

绿色文明主要包括绿色经济、绿色文化、绿色政治三个方面的内容。绿色经济是绿色文明的基础，绿色文化是绿色文明的制高点，绿色政治是绿色文明的保障。

（1）绿色经济的核心是发展绿色生产力，创造绿色 GDP；重点是节能减排、环境保护和资源的可持续利用。

（2）绿色文化的核心是让全民养成绿色的生活方式与工作方式，绿色文明需要绿色公民来创造，只有绝大部分地球人都成为绿色公民，绿色文明才可能成为不朽的文明。

5.5.8 科技先导

国内外城市发展的实践充分证明，现代化的绿色建筑是新技术、新工艺和新材料的综合体，是高新建筑科学技术的结晶。因此，科技先导是绿色建筑的又一基本特征，也是一个体现绿色建筑全面、全方位和全过程的概念。

绿色建筑是建筑节能、建筑环保、建筑智能化和绿色建材等一系列高新技术因地制宜、实事求是和经济合理的综合整体化集成，绝不是所谓的高新技术的简单堆砌和概念炒作。科技先导强调的是要将人类成功的科技成果恰到好处地应用于绿色建筑，也就是在追求各种科

> 对绿色建筑进行设计和评价时，不仅要看它运用了多少先进的科技成果，而且还要看它对科技成果的综合应用程度和整体应用效果。

技成果最大限度地发挥自身优势的同时，使绿色建筑系统作为一个综合有机整体的运行效率和效果最优化。我们对绿色建筑进行设计和评价时，不仅要看它运用了多少先进的科技成果，而且还要看它对科技成果的综合应用程度和整体应用效果。

如图 5.5-7 所示为位于英国伦敦的西门子"水晶大厦"。除了惊人的结构设计，"水晶大厦"是人类有史以来最环保的建筑之一，为未来城市提供了样本——它占地逾 6300 平方米，却是高能效的典范。与同类办公楼相比，它可节电 50%，减少 65% 的二氧化碳排放，并且供热与制冷的需求全部由可再生能源满足。照明方面，建筑中几乎每个空间都有自然光，楼顶还有覆盖了三分之二面积的光伏电池组，可解决大厦 20% 的用电需求。

◎ 图 5.5-7　西门子"水晶大厦"

"水晶大厦"还实现了水资源的循环利用，能够集雨和污水回收。建筑的屋顶作为雨水收集器，积水经过层层过滤流入地下蓄水池，接着经过各种净化技术达到饮用水标准。

> 创造具有地方特色的城市和建筑，有助于让居民获得归属感和荣誉感。

5.6 民族性与地域性

在全球化背景下，各国文化趋同现象严重。民族文化和地方特色正逐渐被全球化浪潮吞噬，这导致了各国人民的地域意识复苏，人们更加强烈地意识到了保护地域文化多样性的重要性与迫切性。创造具有地方特色的城市和建筑，有助于让居民获得归属感和荣誉感。

城市过于快速的发展侵蚀了很多农村生活和民风。在此背景下，佛山新城荷岳步行桥项目旨在回归朴实、简约，反映当地原有自然村落的文化印记，打破快速发展的浮躁与乏味，让简单和充满真实的本土情感成为可持续发展理念的重要组成部分。该项目以步行天桥为设计主体，并配合周边环境的景观、交通进行综合设计。天桥的造型是对周边村落中岭南传统建筑群屋檐窄巷的抽象表达（见图 5.6-1），提取其折线再通过参数化的设计给予理性与逻辑，让整个天桥的形态与周边的建筑高度融合。

◎ 图 5.6-1　佛山新城荷岳步行桥的构思来源

用材和构造方面，是现代技术与传统文化的邂逅，利用钢结构的灵活可塑性来实现天桥的空间和造型，并以天然的木材刻画纯朴和永恒的质感，亦做到温和地融入建筑语境，隐隐透出对自然、对本土缅怀之情的寄托（见图 5.6-2）。

> 集装箱也被称作货箱或货柜，是一种按照规格标准化生产的箱体货运设备，可反复使用，并具有一定的强度、刚度和整体性，便于机械装卸。由于集装箱便于转移运输，因此大大促进了它在世界各地的传播和使用。

◎ 图 5.6-2 利用钢结构的灵活可塑性来实现天桥的空间和造型

该项目也是对社会责任及人文关怀的一次颂扬，是设计师利用建筑对风土文化与城乡融合共存的积极探索。

5.7 集装箱建筑的机动性

集装箱也被称作货箱或货柜，是一种按照规格标准化生产的箱体货运设备，可反复使用，并具有一定的强度、刚度和整体性，便于机械装卸。由于集装箱便于转移运输，因此大大促进了它在世界各地的传播和使用。

集装箱进入建筑设计领域到今天为止仅有 20~30 年的发展历史，较大规模应用于建筑建造也只有 10 年的时间。从 20 世纪 90 年代到 20 世纪末，陆续有西方艺术家进行集装箱构造物和建筑物的设计尝试，大多是小型集装箱建筑物的改造实验，偏重艺术性与实验性。1990

年荷兰艺术家 Luc Deleu 在荷兰霍恩架设起了简洁的集装箱拱桥（见图 5.7-1），集装箱的美感吸引了更多设计师的关注。

进入 2000 年，集装箱建筑设计进入蓬勃发展期，并形成独特的建筑风格和建造方式。从这个阶段开始，集装箱逐步被用于住宅、商店、艺术馆等各种功能用途的建筑，并且作为一种造型工具和结构工具，逐渐展现出独特的魅力和发展潜力。集装箱建筑规模不断扩大，建筑高度不断增高，结构利用也更加大胆，箱体在建筑设计上的各种性能也被不断发掘出来。

◎ 图 5.7-1　集装箱拱桥

不过集装箱建筑虽然是一种有价值的模块化建筑类型，但由于其空间、材料等客观条件的限制，也有着自身的局限性。

（1）集装箱建筑的优点见图 5.7-2。

1. 集装箱本身的固有形态及尺寸有利于设计师的把控，设计、施工更加快捷，也容易激发设计师的想象力，设计灵活多变、不拘一格
2. 集装箱的强度韧性很高，使用寿命很长，抗震性良好，安全性可以保证
3. 集装箱建筑构建方便，而且产生的垃圾很少，低耗环保、时尚多变
4. 相较于普通住宅的造价，集装箱建筑成本低很多，建筑工期短，省钱省力，又可提供有品质的住宅生活
5. 集装箱建筑对土地的适应性更强，而且可以移动，兼具临时性和永久性、地方性和全球性等这些普通住宅无法具备的品质

◎ 图 5.7-2　集装箱建筑的优点

（2）集装箱建筑的缺点见图 5.7-3。

1	集装箱比较小巧简洁，相对于沉稳厚实的混凝土实体，在气势上不够宏伟高大
2	集装箱采用金属材质，保温性能不如砖石、木头等好，在材料品质上会有差距
3	在设计时，线条、空间相对受限
4	人们对集装箱有固定认知，不是人人都能接受这种反传统的建造方式

◎ 图 5.7-3　集装箱建筑的缺点

新时期建筑发展对于低碳、低成本、快速建造、可拆卸等的需求，成了建筑设计领域的一个崭新课题。集装箱建筑在西方国家依然被看作充满活力有朝气、需要不断探索的新型建筑类型，它的设计和建造可能性还远未穷尽。

在西方发达国家，针对集装箱建筑进行设计已经形成规模化的设计市场，产生了专业化的集装箱建筑事务所，其中美国 LOT-EK 集装箱建筑设计事务所就是典型代表。该事务所专注于利用集装箱这种工业成品进行建筑设计创作，通过对可移动集装箱建筑、低成本集装箱住宅等集装箱建筑类型的研究，先后完成了 Guzman House、Puma City、Container City、韩国 APAP 集装箱艺术学校（见图 5.7-4，获得 2011 年美国建筑师协会奖）等一系列集装箱建筑项目，已经逐渐成为集装箱建筑设计市场最出名的设计事务所。

日本建筑师板茂对集装箱这种结构工具在

◎ 图 5.7-4　韩国 APAP 集装箱艺术学校

建筑设计上的应用做过深入的研究。他于 2005 年设计的游牧博物馆（见图 5.7-5），是世界上最大的移动博物馆，共使用了 148 个集装箱。由于集装箱建筑组合、拆卸高度的灵活性，游牧博物馆分别在纽约、洛杉矶及东京展出。福岛大地震过后，板茂设计了女川集装箱集合住宅，其由 9 座 2~3 层高的集装箱房屋构成。通过箱体的模块化组合、立面的模数化设计，塑造了有秩序而活泼的建筑形象。

◎ 图 5.7-5　游牧博物馆

如图 5.7-6 所示为星巴克集装箱咖啡店，这个星巴克新建筑只能放下咖啡机和员工工作区，但很有趣，被认为是其他商业空间（不需要大型的室内空间）的开创者。

◎ 图 5.7-6　星巴克集装箱咖啡店

如图 5.7-7 所示为被称为 New Zealand on Screen 的项目建筑，其将音像设备放在货物集装箱上。该项目的发起机构 Kiwi Films 想要一种特殊的东西来吸引使用高科技设施和设备的游客，所以使用了一些集装箱，并把它们改造成互动式的媒体室。在屋内，人们能体验到

◎ 图 5.7-7　New Zealand on Screen 项目建筑

最先进的互动式视频墙和许多很棒的应用。其中布置有古老的装饰，放映经典的电影，挥散怀旧的情怀。这个项目的理念是将线下和线上环境结合起来传播媒体内容，而不用再建造博物馆或电影院。

2018年，我国集装箱生产进入高位运行周期，全年产量约425万TEU（Twenty-feet Equivalent Unit，是以长度为20英尺的集装箱为国际标准的计量单位，也称国际标准箱单位，通常用来表示船舶装载集装箱的能力），全球市场占有率约为96.1%，同时，每年也会产生接近100万个废旧集装箱，如何处理这些闲置的集装箱成为一个亟待解决的问题。与此同时，我国人口众多，城市可用地不断减少，生活与工作节奏不断加快，促使我国转变传统的建筑方式，大力发展模块化建筑。在这样的大背景下，集装箱建筑作为预制化程度最高的模块化建筑开始在国内逐渐发展起来。

集装箱建筑在国内起步较晚，最初的运用形式也较为单一，组合形态和外观表皮处理比较简单，最为常见的就是工地的临时住房，相信很多人都见过。

近年来，中集集团等集装箱企业开始大力开发集装箱建筑，国内很多高校如同济大学、哈尔滨工业大学、天津大学、湖南大学、华南理工大学等的学者也开始关注和研究集装箱建筑的相关设计思路和结构技术，国内集装箱的运用也开始越来越多。

2010年7月，中集集团开始组织开展《集装箱模块化组合房屋技术规程》的编制工作，经过近3年的反复论证和试验，该规程通过了专业技术评审，于2013年6月在全国范围内出版发行。在宏观政策的鼓励和产学研各方联合推动下，我国集装箱建筑前景越发广阔。随着党中央、国务院、住房和城乡建设部等对大力发展装配式建筑的战略部署逐渐深入，各地有关政策密集落地，奖励、扶持、鼓励等成为关键词，不难看出，装配式建筑正逐渐带来建筑领域内的政策创新、机制创新、管理创新，行业转型升级利好不断。

如图 5.7-8 所示为位于深圳的"花样年·家天下丨智慧社区体验馆"，这个高颜值的集装箱售楼处曾经在 2018 年地产和设计界人士的朋友圈中刷屏。

◎ 图 5.7-8　深圳"花样年·家天下丨智慧社区体验馆"

售楼处一般是临建，因此有发展商用集装箱来建造售楼处的前景空间。集装箱是环保建材，可快速建造循环再用，楼盘销售完毕后，既可整体转移到下一个楼盘继续利用，也可留在原地改为配套公建，因此集装箱确实比其他建造形式更适用于临时售楼处。为了让集装箱建筑的品质达到一个新的高度，设计师用城市雕塑的概念塑造了这个销售中心，并按高端商务办公的标准进行了室内设计。

5.8　极简主义

极简主义者的宣言是"少即是多"，即用最简单的形式、最基本的处理方法、最理性的设计手段求得最深入人心的艺术感受。但"少"并不是一种盲目的削减，而是复杂的升华，往往表达耐人寻味的激情，是一种高品质的体现。简单地说，极简主义就是去掉多余的装饰，用

> 极简主义：去掉多余的装饰，用最基本的表现手法来追求最精华的部分，以求艺术品的简洁纯粹，尽量保持形式的完美，杜绝一切繁杂干扰。

最基本的表现手法来追求最精华的部分。极简主义建筑采用的艺术元素都本着"简单"二字进行创作，追求艺术品的简洁纯粹，尽量保持形式的完美，杜绝一切繁杂干扰。

极简风、简约，这些名词成为近年建筑、家装领域的流行风格，说到极简不得不提路易斯·巴拉甘（Luis Barragán，1902—1988年），他是来自墨西哥的建筑师，第二届普利兹克奖得主。他的作品规模都不大，以住宅为多，常常是建筑、园林连同家具一起设计。

巴拉甘设计的建筑和景观都非常简单：一堵白墙、一条水池、一处瀑布、一棵大树就能创造出极其宜人的环境，他所用的都是最平常的几何形态，没有刻意的雕饰，建筑内部极简的色彩、装饰、单一的光源，营造出神秘、纯粹的氛围。他设计的代表性建筑有巴拉甘住宅（见图5.8-1）、克里斯特博马厩（见图5.8-2）、卫星城塔（见图5.8-3）等。

◎ 图5.8-1 巴拉甘住宅

◎ 图5.8-2 克里斯特博马厩

◎ 图5.8-3 卫星城塔

谈到极简主义建筑设计，还有一位设计师不得不提，那就是世界极简主义建筑设计之父克劳迪奥·塞博斯丁（Claudio Silvestrin）。生于 1954 年的克劳迪奥·塞博斯丁师从意大利设计大师 A.G. Fronzoni，毕业于英国最古老的建筑师摇篮——建筑联盟学院。1989 年，他于伦敦及米兰创立克劳迪奥·塞博斯丁建筑工作室，业务范围包括奢侈品零售店、美术馆、博物馆、度假区、私人住宅、餐厅及家私设计。曾服务过的客户包括 GIADA、Giorgio Armani、Calvin Klein、Anish Kapoor、Victoria Miro、Fondazione Sandretto Re-Rebaudengo、YTL Singapore、Illy Coffee、Princi、Rainer Becker of Zuma，以及美国嘻哈歌手 Kanye West 等。

尽管在建筑界成绩斐然，克劳迪奥·塞博斯丁的身上却不见一丝浮躁，他始终保持匠人初心，润物无声地影响着行业方向。与此同时，他并不会一味地堆砌纷繁复杂的华丽设计，而是用细腻的思考丰满细节，打造直击人心的低调奢华。克劳迪奥·塞博斯丁最终呈现给世人的作品致力于将人们领进一个独一无二的至臻感官世界，"点石成金"的美誉也由此而来。

对哲学的深刻理解、别具一格的美学视野、清晰的创作思路及对细节的极致追求在他的建筑作品中体现得淋漓尽致——他的设计朴实却不偏激、简约却灵动、摩登却隽永、沉静却富有生机、优雅却不炫耀浮华。要达到如是平衡，非凡的专业修炼及瞩目的天才灵感二者缺一不可，而克劳迪奥·塞博斯丁两者兼备。

克劳迪奥·塞博斯丁亲自操刀设计了 GIADA 北京金宝汇旗舰店（见图 5.8-4）。店铺的设计灵感来自意大利文艺复兴时期的经典壁画作品——米开朗琪罗的《创世纪》。

沿壁而走的潺潺水流，创世纪般的神谕裂痕，风蚀的多洛米蒂

（Dolomites）岩石屏风，错落有致的斑驳青铜陈列岛，复古的定制全皮试衣间，和谐地构成了线条美、几何美，充满了精致的细节。

◎ 图 5.8-4　GIADA 北京金宝汇旗舰店

第 6 章
著名建筑设计师及其建筑作品

6.1 理查德·迈耶的白色建筑情结

理查德·迈耶,美国建筑师。迈耶的作品风格大胆,有种颇为独特的粗壮。为了在展示方面做得更好,他将斜格、平面以及明暗差别强烈的外形等元素和谐地融合在一起。其强健的设计呈立方体状,其中包含着纯洁、宁静的简单结构,呈现相当强大的视觉效果。

迈耶注重立体主义构图和光影的变化,强调面的穿插,讲究纯净的建筑空间和体量。在对比例和尺度的理解上,他扩大了尺度和等级的空间特征。迈耶着手的是简单的结构,这种结构将室内外空间和体积完全融合在一起。通过对空间、格局及光线等方面的控制,迈耶创造出全新的现代化模式的建筑。

迈耶的作品以"顺应自然"的理念为基础,作品表面常用白色,以绿色的自然景物衬托,使人觉得清新脱俗,他还善于利用白色表达建筑本身与周围环境的和谐关系。在建筑内部,他运用垂直空间和天然光线在建筑上的反射实现富于变化的光影效果。他以新的观点诠释旧的建筑,并重新组合几何空间。

迈耶说:"白色是一种极好的色彩,能将建筑和当地的环境很好

> 理查德·迈耶注重立体主义构图和光影的变化，强调面的穿插，讲究纯净的建筑空间和体量。

地分隔开。像瓷器有完美的胎面一样，白色也能使建筑在灰暗的天空中显示出其独特的风格特征。雪白是我作品中的一个最大的特征，用它可以阐明建筑学理念并强调视觉影像的功能。白色也是在光与影、空旷与实体展示中最好的鉴赏，因此从传统意义上说，白色是纯洁、透明和完美的象征。"

作为现代建筑中白色派的重要代表，他的白色建筑总是犹如凌波仙子般超凡脱俗，以其颜色上震撼人心的纯净、理性和高度精细的构件处理给人们留下了极为深刻的印象，例如，他设计的罗马千禧教堂（见图 6.1-1），是建筑史上白色派的经典之作。

千禧教堂建筑材料包括混凝土、石灰华和玻璃。三座大型的混凝土翘壳高度从 56 英尺（约 17 米）逐步上升到 88 英尺（约 27 米），看上去像白色的风帆。玻璃屋顶和天窗让自然光线倾泻而下。夜晚，教堂的灯光营造出一份天国的景观。

与周围环境的有机结合，特别是三片弧墙的闪亮一笔，使建筑脱胎换骨，室内光线经过弧墙的反射，显得静谧和洒脱。

◎ 图 6.1-1　罗马千禧教堂

第 6 章　著名建筑设计师及其建筑作品

> 让·努维尔的建筑有非常高的艺术价值，每一件建筑作品都被视为艺术品。他将那些艺术家常用的元素收集起来，尤其是空间元素（光、空气、水、声音），并将其应用在建筑空间中。这些元素的加入，极大地丰富了建筑语汇，使得他的建筑风格多元且深刻。

6.2 "建筑鬼才"让·努维尔

让·努维尔是大家不太熟知的建筑大师，或许他太过低调，拒绝过度曝光在聚光灯下，专注着他热爱的建筑事业。但其实他是一位高产的建筑师，全世界都遍布他的作品。他曾获得过2008年普利兹克奖。2019年刷爆朋友圈的"阿布扎比卢浮宫"以其令人惊叹的空间营造和鬼斧神工的光之利用，让全世界为之疯狂。

让·努维尔的建筑有非常高的艺术价值，每一件建筑作品都被视为艺术品。他将那些艺术家常用的元素收集起来，尤其是空间元素（光、空气、水、声音），并将其应用在建筑空间中。这些元素的加入，极大地丰富了建筑语汇，使得他的建筑风格多元且深刻。

1. 阿布扎比卢浮宫

阿布扎比卢浮宫的建筑形制是遵循传统的阿拉伯穹顶结构建造的，穹顶用铝编织成类似蜂巢的孔隙结构（见图6.2-1），这种孔隙结构是为了适应岛上独特的气候特征而设计的。一方面孔隙可以调节馆内气温；另一方面孔隙的形态又带有阿拉伯文化符号特征，光线透过孔隙进入展厅中，营造出独特的"光之雨"的视觉景观。到了晚上，透过孔隙还能看到星空。

与巴黎卢浮宫不同的是，这栋建筑让水流入其中（见图6.2-2），穹顶之下的展馆展厅可以根据展览需要改变，内部巨大的空间可以容纳更多展品，庭院、走道都可以用来陈列。当然水作为元素引入馆中，夏季的时候可为室内降温，节省能耗。

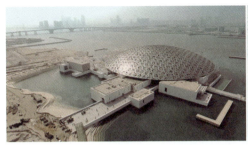
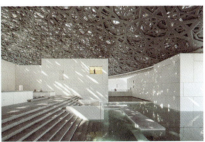

◎ 图6.2-1　穹顶用铝编织成类似蜂巢的孔隙结构

◎ 图6.2-2　引入馆中的水元素

2. 巴黎爱乐大厅

让·努维尔设计的巴黎爱乐大厅，整个建筑物的铝质外立面像是一些被折叠的金属块（见图6.2-3）。

这座造价为3.87亿欧元（约合29亿元）的音乐厅可容纳2400位观众。出于对演出音效的考虑，让·努维尔将观众席位设置成环状，围绕着

◎ 图6.2-3　巴黎爱乐大厅的造型设计

演出大厅中央的舞台。此外，这里还拥有15间排练厅、1个可容纳250人的露天剧场，以及音乐博物馆、展览馆、媒体中心等。配合外部造型设计，内部的空间亦设计为褶皱的形态（见图6.2-4）。

◎ 图6.2-4 巴黎爱乐大厅的内部空间设计

3. 卢塞恩文化和会议中心

卢塞恩文化和会议中心（KKL）的建筑特征是具有一个铜质的巨大屋顶，伸出至水面。因为最初让·努维尔的想法是把建筑以船的形式直插入湖中，但是这样会破坏城市生态，于是在重新设计时，他将建筑底部内推、屋顶延长，于是形成了湖面被包容到建筑内部的形制。屋顶突出建筑主体立面20米，不靠任何支持，因而在湖边形成了典型的地标。铜板屋顶的金属特质，将湖面和周围灯光反射出来，像是湖面的倒影一样（见图6.2-5）。

◎ 图6.2-5 卢塞恩文化和会议中心的巨大铜质屋顶

两条水道将建筑分成了三个部分：音乐厅、卢塞恩厅以及会议区。三栋楼像船只排列在船坞中一样，每一栋都有其鲜明的特色，它们通过大屋顶连接，同时创造了大面积的活动广场和服务储备空间，形成整个建筑的中心，可到达所有的功能空间。

（1）在音乐厅区域（见图6.2-6），让·努维尔使用了不同寻常的颜色，如石榴红、深绿色和深蓝色来打造这一部分的场地。音乐厅的外墙都是木制的，外墙的弯曲形状会让人联想大提琴。

（2）卢塞恩厅是多元又纯粹的，它允许组织者为活动创造个性化的空间（见图6.2-7）。

◎ 图 6.2-6　音乐厅的设计

◎ 图 6.2-7　卢塞恩厅的设计

（3）会议区是一个融入城市的透明长方体。面向火车站的建筑正面配备了不同的网格结构，因此，建筑物看起来像一只鸟笼，从火车站看建筑可以透过网格结构看见后面的景观和天空（见图6.2-8）。

◎ 图6.2-8　会议区的设计

（4）其他细节设计。

让·努维尔与美国声学工程师Russell Johnson和他团队合作完成了KKL的声学效果设计（见图6.2-9）。表面是石膏的混凝土门安装在电机驱动的铰链上，通过计算机控制系统可以让每个门准确保持在完全关闭状态，或者向外打开90°以便声音进入回声室，这样一来根据指挥或正在进行的音乐表演需要，音效可以准确调整。

◎ 图6.2-9　声学效果设计

在特殊照明效果方面，让·努维尔邀请国际著名照明设计师Ingo Maurer参与设计；饰面效果由Alain Bony打造，他与让·努维尔经常合作，并为外部配色方案提出了建议。室内充满强烈的单色图案，门上用红色线条装饰，配合蓝色的座位，感觉平静又严谨、温暖而轻松（见图6.2-10）。

 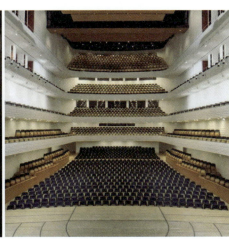

◎ 图6.2-10　照明与配色设计

在阳台立面、墙壁和门上有不同尺寸的图案，让人联系起城市和自然。努维尔在卢塞恩实现的是一个极具综合性和表达性的作品，创建了一个完全当代的建筑，其功能通过大胆精妙的设计清晰地体现出来（见图6.2-11）。

◎ 图6.2-11　阳台立面、墙壁和门上面不同尺寸的图案

> 作为最后一位现代主义建筑大师,贝聿铭被人描述成一位注重抽象形式的建筑师。他喜好的材料是石材、混凝土、玻璃和钢。

6.3　贝聿铭与苏州博物馆新馆

贝聿铭是美籍华人建筑师,1917年生于广州,祖辈是苏州望族,他曾在家族拥有的苏州园林狮子林里度过童年的一段时光。10岁随父亲来到上海,18岁到美国,先后在麻省理工学院和哈佛大学学习建筑,于1955年在纽约开设了自己的建筑设计事务所,又成立了贝聿铭设计公司。

作为最后一位现代主义建筑大师,贝聿铭被人描述成一位注重抽象形式的建筑师。他喜好的材料是石材、混凝土、玻璃和钢。

作为20世纪世界最成功的建筑师之一,贝聿铭设计了大量的划时代建筑。贝聿铭属于实践型建筑师,作品很多,论著则较少。贝聿铭被称为"美国历史上前所未有的最优秀的建筑家"。1983年,他获得了建筑界的"诺贝尔奖"——普利兹克奖。

贝聿铭的建筑设计有如图6.3-1所示的三个特色。

◎ 图6.3-1　贝聿铭的建筑设计的三个特色

半个世纪以来,贝聿铭设计的大型建筑在百项以上,获奖50次以上。他在美国设计的近50项大型建筑中就有24项获奖。"最美的建筑，应该是建筑在时间之上的，时间会给出一切答案。""建筑的目的是提升生活品质，建筑必须融入人类活动，并提升这种活动的品质，这是我对建筑的看法，我期望人们能从这个角度来认识我的作品。"

由贝聿铭设计的苏州博物馆新馆，色彩以苏州传统民居中的灰和白为基调（见图6.3-2）。

苏州当地民居　　　　　　　苏州博物馆新馆

◎ 图6.3-2　灰和白为基调的苏州博物馆新馆

贝聿铭在建筑材料、结构细部、室内设计等方面创意独特，采用现代钢结构加木质边框搭配白色天花，其中木贴面的金属遮光条取代了传统建筑的雕花木窗，中国传统建筑的老虎天窗在这里得到了传承；大面积玻璃天棚的使用，使观众可以透过玻璃的折角看到天空，同时引入大量的自然光，节能环保。整个设计使光线更加柔和且便于调控，适宜不同展品展示时对灯光的要求（见图6.3-3）。

◎ 图6.3-3　采用现代钢结构和玻璃天棚的苏州博物馆新馆

> 安藤忠雄开创了一套独特、崭新的建筑风格：以半制成的厚重混凝土，以及简约的几何图案，构成既巧妙又丰富的设计效果。

在空间上，博物馆的书画厅借鉴九宫格，中间贯通，对条幅式书画的用光和所需墙面十分有利；首层展厅与天窗廊道由墙隔断分开，人漫步廊道，展厅的构架、天花和木边使人联想起中国古建筑的语言，而廊窗外的一个个庭院，由窗取景，若隐若现（见图6.3-4）。而这所有的组织，贝聿铭都是以非常简明、出神入化的建筑语言来表达的。

◎ 图6.3-4　由窗取景的苏州博物馆新馆

6.4　安藤忠雄与京都府立陶板名画庭

安藤忠雄是当今最为活跃、最具影响力的世界建筑大师之一，也是一位从未接受过正统科班教育，完全依靠个人的才华禀赋和刻苦自学成才的设计大师。

在30多年的时间里，他创作了近150项国际知名的建筑作品和方案，获得了包括普利兹克奖等在内的一系列世界建筑大奖。安藤忠雄开创了一套独特、崭新的建筑风格，以半制成的厚重混凝土，以及简约的几何图案，构成既巧妙又丰富的设计效果。安藤的建筑风格静谧而明朗，为传统的日本建筑设计带来划时代的启迪。他的突出贡献在于创造性地融合了东方美学与西方建筑理论；遵循以人为本的设计理念，提出"情感本位空间"的概念，注重人、建筑、自然的内在联系。安藤忠雄还是哈佛大学、哥伦比亚大学、耶鲁大学的客座教授和东京大学教授，其作品和理念已经广泛进入世界各个著名大学建筑系，成为年轻学子追捧的偶像。

安藤相信构成建筑必须具备三要素。

（1）可靠的材料就是真材实料，可以是纯粹朴实的水泥，或未刷漆的木头等物质。

（2）正宗完全的几何形式为建筑提供基础和框架，使建筑展现于世人面前；它可能是一个主观设想的物体，也可能是一个三维结构的物体。

当几何图形在建筑中运用时，建筑形体在整个自然中的地位就可以很清楚地跳脱界定，自然和几何产生互动。几何形体构成了整体的框架，也成为周围环境景色的屏幕，人们在上面行走、停留、不期而遇，甚至可以和光的表达有密切的联系，借由光的影子阅读出空间疏密的分布层次。经过这样处理，自然与建筑既对立又并存。

（3）"自然"所指的并非是原始的自然，而是人所安排过的一种无序的自然或从自然中概括而来的有序的自然——人工化自然！安藤认为植栽只不过是对现实的一种美化方式，仅以造园及其中植物之季节变化作为象征的手段极为粗糙。抽象化的光、水、风……这样的自然是由素材与以几何为基础的建筑体同时被导入所共同呈现的。

安藤忠雄的成功归因于他广泛的阅读与旅行，亲身体验历史建筑并从中获得启发，直到今天他仍在坚持如此。安藤第一次感受到建筑空间的存在，是置身于罗马万神庙之中。他说道："我所感觉到的是一个真正存在的空间。当建筑以其简洁的几何排列，被从穹顶中央一个直径为9米的洞孔所射进的光线照亮时，这个建筑的空间才真正地存在。这样的物体和光线，在大自然里是不会感觉到的，这种感觉只有通过建筑这个中介体才能获得，真正能打动我的，就是这种建筑的力量。"

安藤忠雄设计的京都府立陶板名画庭是世界上第一个以回廊式绘画庭园方式，忠实地再现名画的造型和色彩的陶版画庭园（见图6.4-1）。与平面构成多的传统庭园不同，安藤忠雄强调的不是静，而是动线的重叠，动与静，虚与实，错综立体的光线深入地下，极致地表达了"致虚极，守静笃"的哲学思想。

◎ 图6.4-1　京都府立陶板名画庭

6.5 "解构主义大师"扎哈·哈迪德

扎哈·哈迪德（Zaha Hadid），伊拉克裔英国女建筑师。2004年普利兹克奖获奖者。1950年，出生于巴格达，在黎巴嫩就读过数学系，1972年，进入伦敦建筑联盟（AA，Architectural Association）学院学习建筑学，1977年，获得建筑学硕士学位。此后加入大都会建筑事务所，与雷姆·库哈斯（Rem Koolhaas）和埃利亚·增西利斯（Elia Zenghelis）一道执教于AA学院，后来在AA成立了自己的工作室，直到1987年。1994年，在哈佛大学设计研究生院执掌丹下健三教席。

哈迪德被公认为建筑界的解构主义大师，这一光环主要源于她独特的创作方式。她的设计一向以大胆的造型著称，大胆运用空间和几何结构，反映出都市建筑繁复的特质。

> 哈迪德被公认为建筑界的解构主义大师，她的设计一向以大胆的造型著称，大胆运用空间和几何结构，反映出都市建筑繁复的特质。

在过去的 30 多年里，扎哈·哈迪德借助自然环境与人工系统的严谨结合和前沿科学技术的实验应用，不断探索复合型的动感流动空间，实现建筑的持续蜕变，并通过新型空间理念和大胆创新的建筑形式，改变了我们对未来的憧憬。扎哈·哈迪德说："我希望我们的建筑能够将人们带到另一个新世界，激发人们对创意的兴趣。我们的建筑直观而富有激情，国际化而充满活力。我们希望建筑能够为人们带来独特的体验，让人们好像进入一个新国家，对周围的一切都感到陌生和新奇。"

澳门沐梵世酒店、澳大利亚黄金海岸锥形塔楼、迪拜 ME 酒店、南京青奥中心双子塔等都是她的代表作。

1. 澳门沐梵世酒店（见图 6.5-1）

沐梵世酒店作为哈迪德的遗作之一，是哈迪德设计美学和精神的一种延续，从设计和建造工艺上，都刷新了整个业界的高度。设计灵感来源于中国传统玉雕流畅的曲线，其惊艳前卫的建筑风格，不仅有着极为强烈的视觉震撼效果，更是一举革新了酒店业的设计和建造模式。这是全世界第一座采用"自由形态外骨骼结构"的大楼，流畅的线条，优美的曲线造型，大胆而不突兀。

◎ 图 6.5-1 澳门沐梵世酒店

建筑的中央部分有着 8 字形的镂空部分，初看有点抽象甚至扭曲，却增加了酒店建筑的律动感。这些不规则的镂空结构成就了建筑的形态，建筑外立面布满玻璃，赋予建筑晶透的外观感受。

酒店由两个塔楼组成。塔楼之间的中庭直通酒店顶部，贯穿了酒店外部的镂空空隙，将北面与南面连接起来（见图6.5-2）。这些镂空结构成为连接酒店内部公共空间和城市景观的窗口。

◎ 图6.5-2 塔楼之间的中庭直通酒店顶部

作为世界领先的酒店之一，沐梵世酒店内部必须具备高度的灵活性和适应性来满足各种功能分区的不同要求。建筑外部的网状结构代替了传统的柱子和承重墙，让室内空间更加完整，以至于酒店内各种复杂的功能区都被合理地安置在这样一个造型完整的建筑单体之中，内部空间充满各种几何图案，如梦如幻，令人惊叹（见图6.5-3）。在横跨中庭的自由形态的空隙之间，一系列的廊桥为餐厅、酒吧和客人休息室创造了独特的空间（见图6.5-4）。

◎ 图6.5-3 功能区

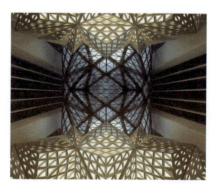

◎ 图6.5-4 廊桥创造的独特空间

位于酒店40层楼的天际游泳池设计得非常吸引人，配合建筑复杂的外观，利用干净的线条打造出充满现代简约感的开放空间，营造出飘然云端的独特体验感（见图6.5-5）。

◎ 图6.5-5　天际游泳池

2. 澳大利亚黄金海岸锥形塔楼

如图6.5-6所示为扎哈·哈迪德设计的第二个澳大利亚摩天大楼项目——黄金海岸锥形塔楼。这一对塔楼建筑均为44层，将总共提供370套公寓以及配置69间客房的高端酒店。这对塔楼有着雕塑感的弧线玻璃造型，让人联想到肌腱组织，屹立于一个弧形平台之上。每座塔楼看起来都像是一个有机体，自底座向上延伸的弯曲线条相互交错，散发一种流动、有活力的感觉。这种活力将通过玻璃立面的反射和融合，进一步带到生活中。

该综合体将作为"城市首个致力于艺术的私人文化区"，还将设置艺术画廊、博物馆以及一些雕塑花园，同时配置商店、餐厅和地下水族馆。

◎ 图6.5-6　澳大利亚黄金海岸锥形塔楼

第6章　著名建筑设计师及其建筑作品　235

参考文献

[1] 顾大庆,柏庭卫.建筑设计入门[M].北京:中国建筑工业出版社,2010.

[2] 李延龄.建筑设计原理[M].北京:中国建筑工业出版社,2011.

[3] 布莱恩·布朗奈尔.建筑设计的材料策略[M].田宗星,杨轶,译.南京:江苏科学技术出版社,2014.

[4] 毛利群.建筑设计基础[M].上海:上海交通大学出版社,2015.